项目一体化教材

钳 工

QIANGONG

主　编○朱云富　李利佳　马　伟

副主编○范小兰　彭　锦　曹燕丽　吕中凯

参　编○杨森宇　王　莉　肖　蔺　刘小容

　　　　欧洪彬　周巧玲　周　继

U0190594

重庆大学出版社

图书在版编目(CIP)数据

钳工 / 朱云富,李利佳,马伟主编.--重庆:重庆大学出版社,2022.5
ISBN 978-7-5689-3250-9

Ⅰ.①钳… Ⅱ.①朱…②李…③马… Ⅲ.①钳工—中等专业学校—教材 Ⅳ.①TG9

中国版本图书馆 CIP 数据核字(2022)第 067397 号

钳 工

主编 朱云富 李利佳 马 伟
策划编辑:章 可

责任编辑:文 鹏 版式设计:章 可
责任校对:关德强 责任印制:赵 晟
*
重庆大学出版社出版发行
出版人:饶帮华
社址:重庆市沙坪坝区大学城西路 21 号
邮编:401331
电话:(023) 88617190 88617185(中小学)
传真:(023) 88617186 88617166
网址:http://www.cqup.com.cn
邮箱:fxk@ cqup.com.cn (营销中心)
全国新华书店经销
重庆新生代彩印技术有限公司印刷
*
开本:787mm×1092mm 1/16 印张:8 字数:186 千
2022 年 5 月第 1 版 2022 年 5 月第 1 次印刷
ISBN 978-7-5689-3250-9 定价:22.00 元

前言
QIANYAN

　　本书是根据中等职业学校机械类专业的特点,适应国家中等职业学校改革发展的要求,采用现代职业技术教育理念,并依据教育部 2009 年颁布《中等职业学校钳工工艺教学大纲》,参照有关的国家职业技能标准和行业职业技能鉴定规范,结合学校办学模式和实际教学情况编写而成。

　　本书建议教学学时为 144 学时,可供中等职业学校机械类(数控、模具)等相关专业的钳工工艺与技能训练教学使用。本书采用"项目导向、任务实施"的编写体例;突出"做中学、学中做"的职业教育理念,特别适合职业学校"理实一体化"教学。

　　本书由朱云富、李利佳、马伟担任主编,范小兰、彭锦、曹燕丽、吕中凯担任副主编,杨森宇、王莉、肖蔺、刘小容、欧洪彬、周巧玲、周继参编。全书分为八个项目,项目一由马伟、朱云富编写,项目二由彭锦、李利佳编写,项目三由曹燕丽、范小兰、杨森宇编写,项目四由吕中凯、王莉、肖蔺编写,项目五由欧洪彬、刘小容编写,项目六由周巧玲、周继编写,项目七、项目八由马伟编写,全书由马伟统稿。

　　在本书编写过程中,重庆大学出版社给予了大力支持,重庆市教科院提供了教材开发过程培训,重庆市东科模具制造有限公司杨森宇工程师提出了宝贵的建议和意见,在此一并表示衷心感谢。

　　本书的编写结合学校机械专业教学实际,力求创新。由于编者水平有限,书中难免存在缺点和错误,恳请广大读者批评指正。

编　者
2021 年 7 月

项目一　钳工概述

▶**项目概述**

本项目包含钳工基本知识、常用设备;钳工安全操作规程、文明生产规范及"6S"管理。

▶**知识目标**

1.懂钳工职业安全操作规程。

2.树立安全文明生产意识。

3.规范操作钳工的常用设备。

4.了解"6S"内容。

▶**技能目标**

1.能安全、文明、规范地操作钳工设备。

2.会应用"6S"实施流程。

▶**情感目标**

培养钳工安全文明生产意识,增强工作责任心。

任务一　钳工概述

一、钳工的主要任务及种类

（一）钳工的主要任务

钳工的工作范围很广,主要包括划线、加工零件、装配、设备维修和创新技术,主要如下:

①划线:对加工前的零件进行划线。

②加工零件:对采用机械方法不太适宜或不能解决的零件以及各种工、夹、量具以及各种专用设备等的制造,要通过钳工工作来完成。

③装配:将机械加工好的零件按各项技术精度要求进行组件、部件装配和总装配,使之成为一台完整的机械。

④设备维修:对机械设备在使用过程中出现损坏、产生故障或长期使用后失去使用精度的零件要通过钳工进行维护和修理。

⑤创新技术:为了提高劳动生产率和产品质量,不断进行技术革新,改进工具和工艺,也是钳工的重要任务。

或者进行如下工作:

①加工前的准备工作,如清理毛坯,毛坯或半成品工件上的划线等。

②单件零件的修配性加工。

③零件装配时的钻孔、铰孔、攻螺纹和套螺纹等。

④加工精密零件,如刮削或研磨机器、量具和工具的配合面、夹具与模具的精加工等。

⑤零件装配时的配合修整。

⑥机器的组装、试车、调整和维修等。

(二)钳工分类

随着机械工业的发展,钳工的工作范围日益扩大,专业分工更细,因此钳工按专业性质又分为普通钳工、修理钳工、模具钳工、划线钳工、刮研钳工、装配钳工、机修钳工、汽车钳工和管子钳工等。

①普通钳工和装配钳工主要从事机器或部件的装配和调整工作以及一些零件的加工工作。

②修理钳工主要从事各种机器设备的维修工作。

③模具钳工(工具制造钳工)主要从事模具、工具、量具及样板的制作。

二、钳工工作场地

钳工工作场地就是钳工组或工段固定的工作地点。为了充分利用钳工工作场地的面积,提高劳动生产率和工作质量,保证安全生产,必须对工作场地进行合理组织和安排。

①主要设备布置要合理。如钳台放在光线适宜的地方,砂轮机放在安全的位置,钻床安放在场地边缘等。

②毛坯和工件要摆放整齐。

③工量具安放与收藏也要整齐,取用方便,不许任意堆放。

④工作场地保持整洁。

三、钳工安全文明生产知识

对钳工实习来讲,安全应该包括两个方面,即人身安全和财产设备安全。表面上看,钳工操作的危险性相对车工、焊工可能小些,但危险、隐患依然存在,尤其是对设备量具等的损坏严重(如台虎钳损坏、工量具丢件)。因此,我们既要保护自己的人身安全,又要保证设备及工量具的使用正常。

①第一次进入实习车间，必须由指导教师组织对号入位(工位号与学号一致)，未经实习指导教师允许不得私自调换。检查好自己所用台虎钳及工具箱等是否有损坏或安全隐患，并及时报告老师。如未发现问题，而在实习过程中出现问题，由使用者负责。指导教师组织检查好钻床、砂轮机等是否损坏或有安全隐患。

②正确合理摆放工量具。

a.在钳台上工作时，为了取用方便，右手用的工量具放在台虎钳右边，左手用的工量具放在台虎钳左边，各自排列整齐，且不能使其伸到钳台边以外。

b.量具在使用前必须检查有无损坏，校对是否准确，如有问题必须找指导教师调整、修复或更换。如在使用后出现问题，由使用者负责。

c.量具不能与工具或工件混在一起，应放在量具盒内或专用格架上。在使用时，整齐摆在台虎钳中间，供同组四人使用，不能随意乱放，以防损坏或丢件。轻拿轻放，正确使用维护，防锈蚀、防损伤，保证测量精度。

d.工量具收藏时要整齐地放入工具箱内，不应任意堆放，以防损坏和取用不便。

③正确使用台虎钳。台虎钳夹紧工件时，只允许依靠手的力量来扳动手柄，不能用管子作为加力杠或用闷劲夹紧工件。在进行强力作业时，应尽量使力量朝向固定钳身。

④做好钳工劳动保护，在錾削和用砂轮机磨削时必须戴好防护眼镜(无色平光镜)；清除切屑要用毛刷，不许直接用手或用口吹，避免伤及手和眼睛。

⑤使用砂轮机磨削刀具时，操作者严禁正对高速旋转的砂轮，避免砂轮意外伤人。未经教师允许禁止没料。

⑥禁止使用无柄或裂柄的锉刀、刮刀，锉刀柄应安装牢固，避免意外伤手。严禁在车间挥舞锉刀、刮刀，以防飞出伤人。

⑦手锤锤头与木柄必须加锲铁紧固，并保持手柄无油污，避免使用时锤头滑出伤人。

⑧使用钻床钻孔时，工件必须压平夹紧，按钻头直径大小和工件材料选择适当的转速和进给量。孔将钻通时，注意减压减速进给，避免钻头扎刀折断。要求一手操作进给，另一手扶好平口钳，以防平口钳坠落伤人。

⑨严禁戴手套操作钻床，避免被钻头绞缠，发生工伤事故。

⑩在钻床上装卸工件、钻头或钻夹头，以及进行主轴变速及测量工件尺寸时，都必须停机进行。

⑪使用电动工具(如手电钻等)事前应检查绝缘保护和安全接地、接零措施后方可使用，避免意外触电。

⑫每周实习结束，由指导教师组织检查好所有设备工量具等使用情况，如有损坏责任落实到具体同学，根据公物损坏条例进行登记，追究责任。

任务二　钳工常用设备

一、工作台(钳台)

工作台是钳工操作的专用案子,有一人用和多人用的两种,如图 1-1 所示。一般的工作台,台面离地面的高度为 800~909 mm,台面厚约 60 mm。虎钳装量在台面上,其高度恰好齐人的手肘。

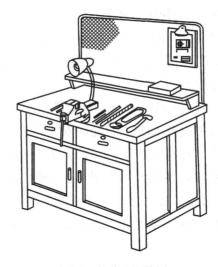

图 1-1　工作台(钳台)

钳台要保持清洁,各种工具、量具和工件的放置要有次序,便于工作。

二、台虎钳

台虎钳(图 1-2)简称虎钳,是用来夹持工件的一种设备。台虎钳分固定式和回转式(活动式)两种结构类型。台虎钳的规格以钳口的宽度表示,有 100 mm、125 mm、150 mm 等。

1.回转式台虎钳的构造和工作原理

①回转式台虎钳主要由活动钳身、固定钳身、丝杠、丝杠螺母、施力手柄、弹簧、挡圈、销、钳口、螺钉、转座、锁紧手柄以及夹紧盘等组成,如图 1-2(b)所示。

②回转式台虎钳的工作原理是:活动钳身 1 通过导轨与固定钳身 2 的导轨孔做滑动配合。丝杠 8 装在活动钳身上,可以旋转,但不能轴向移动,并与安装在固定钳身内的丝杠螺母 3 配合。当摇动手柄 7 使丝杠旋转,就可带动活动钳身相对于固定钳身进退移动,起夹紧或放松工件的作用。弹簧借助挡圈和销固定在丝杠上,其作用是当放松丝杠时,可使活动钳身能及时地退出。在固定钳身和活动钳身上,各装有钢质钳口,并用螺钉固定,钳口的工作面上制有交叉的网纹,使工件夹紧后不易产生滑动,且钳口经过热处理淬硬,具有较好的耐

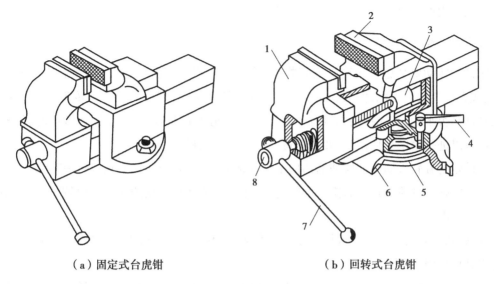

（a）固定式台虎钳　　　　　　　　（b）回转式台虎钳

图 1-2　台虎钳

1—活动钳身；2—固定钳身；3—螺母；

4—短手柄；5—夹紧盘；6—转盘座；7—长手柄；8—丝杠

磨性。固定钳身装在转盘座 6 上，并能绕转盘座轴心线转动，当转到要求的方向时，扳动手柄 4 使夹紧螺钉旋紧，便可在夹紧盘 5 的作用下把固定钳身固紧。转盘座上有三个螺栓孔，用以通过螺栓与钳台固定。

2.台虎钳的使用要求

①固定钳身的钳口工作面应处于钳台边缘。安装台虎钳时，必须使固定钳身的钳口工作面处于钳台边缘以外，以保证夹持长条形工件时，工件的下端不受钳台边缘的阻碍。

②必须把台虎钳牢固地固定在钳台上。工作时，两个夹紧螺钉必须扳紧，保证钳身没有松动现象，以免损坏台钳和影响加工质量。

③只允许用手扳紧手柄夹紧工件时，不能用手锤敲击手柄或套上长管子扳手柄，以免丝杠、螺母或钳身因受力过大而损坏。

④施力应朝向固定钳身方向。强力作业时，应尽量使力量朝向固定钳身，否则丝杠和螺母会因受到过大的力而损坏。

⑤不允许在活动钳身的光滑面上作业。不要在活动钳身的光滑平面上进行敲击作业，以免降低活动钳身与固定钳身的配合性能。

⑥应保持清洁。丝杠、螺母和其他活动表面应经常加润滑油和防锈，并注意保持清洁。

三、砂轮机

1.砂轮机的组成

砂轮机由电动机、砂轮、机体（机座）、托架和防护罩组成。它是刃磨钻头、錾子、刮刀等小刃具的专用设备,代号用 M 表示,其构造如图 1-3 所示。

2.砂轮机的使用要求

①砂轮转动要平稳。砂轮质地较脆,工作时转速很高,使用时用力不当会发生砂轮碎裂,造成人身事故。因此,安装砂轮时一定要使砂轮平衡,装好后必须先试转 3~4 min,检查砂轮转动是否平稳,有无振动与其他不良现象。砂轮机启动后,应先观察运转情况,待转速正常后方以进行磨削。使用时,要严格遵守安全操作规程。

②砂轮的旋转方向应能够使磨屑向下飞向地面。使用砂轮时,要戴好防护眼镜。

③不能站在砂轮的正面磨削。磨削时,工作者应站立在砂轮的侧面或斜侧位置,不要站在砂轮的正面。

④磨削时,施力不宜过大或撞击砂轮。磨削时,不要使工件或刀具对砂轮施加过大压力或撞击,以免砂轮碎裂。

⑤应保持砂轮表面平整。要经常保持砂轮表面平整,发现砂轮表面严重跳动,应及时修整。

⑥托架与砂轮间的距离应在 3 mm 以内。砂轮机的托架与砂轮间的距离一般应保持在 3 mm 以内,以免发生磨削件轧入而使砂轮破裂。

⑦要对砂轮定期检查。应定期检查砂轮有无裂纹,两端螺母是否锁紧。

四、台钻

1.结构

钻床代号用字母 z 来表示。其最后面位数表示钻床能卡装钻头的最大直径。钻床种类有台式钻床、立式钻床和摇臂钻床等。一般台钻多用来钻直径 12 mm 以下的孔。台钻的构造如图 1-4 所示。

2.钻床的使用要求

①严禁戴手套操作,工件装夹要牢靠。在进行钻削加工时,要将工件装夹牢固,严禁戴着手套操作,以防工件飞脱或手套被钻头卷绕而造成人身事故。

②只有钻床运转正常才可操作立钻。使用前必须先空转试车,在机床各机构都能正常工作时才可操作。

③钻通孔时要谨防钻坏工作台面。钻通孔时必须使钻头能通过工作台面上的让刀孔,或在工件下面垫上垫铁,以免钻坏工作台面。

④变换转速应在停车后进行。变换主轴转速或机动进给量时,必须在停车后进行调整,以防变换时损坏齿轮。

⑤要保持钻床清洁。在使用过程中,工作台面必须保持清洁。下班时必须将机床外露滑动面及工作台面擦净,并对各滑动面及各注油孔眼加注润滑油。

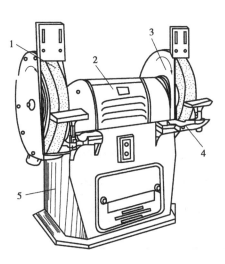
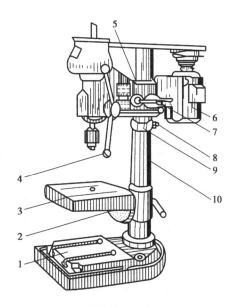

图 1-3　砂轮机

1—砂轮片;2—电动机;

3—保护罩;4—托架;5—机座

图 1-4　台钻

1—底座;2、8—螺钉;3—工作台;

4、7、11—手柄;5—本体;6—电动机;

9—头架保险环;10—立柱

任务三　企业"6S"管理

一、"6S"来源发展

"5S"最早起源于日本现代工厂管理中,它作为一种企业管理基础工程,在实施后成绩显著,而逐步流行到除日本以外的其他国家和地区,并越来越受到广大管理者重视。随着企业发展变化,在原来 5S 基础上增加了安全,也即"6S":整理(Seiri)、整顿(Seiton)、清扫(Seiso)、清洁(Seiketus)、素养(Seitsuke)、安全(Security)。

二、"6S"方针

以人为本、全员参与、自主管理、舒适温馨。

三、推进"6S"目标

企业——改善和提高企业形象;促进效率的提高;改善零件在库周转率;减少甚至消除故障,保障品质;保障企业安全生产;降低生产成本;改善员工精神面貌,增加组织活力;缩短作业周期确保交货期。

学校——塑造整洁优美的学习环境;提升规范文明的职业素养。

四、"6S"管理的内容方法

1.整理

整理的内容

序号	内 容	作 用	效 果
1	腾出空间	增加作业、仓储面积	节约资金
2	清除杂物	使通道顺畅安全	提高安全
3	进行归类	减少寻找时间	提高效力
4	归类放置	防止误用、误发货	提高质量

2.整顿

整顿三要素

序号	内 容	作 用	效 果
1	场所	区域划分明确	一目了然
2	方法	放置方法明确	便于取拿
3	标识	避免减少错误	提高效力

整顿三原则

序号	内 容	原 则	方 法
1	定点	明确具体的放置位置	分隔区域
2	定容	明确容器大小材质颜色	颜色区分
3	定量	规定适合的质量、数量、高度	标示明确

3.清扫

清扫的目的及作用

序号	目 的	作 用
1	提升作业质量	提高设备性能
2	工作环境良好	减少设备故障

续表

序 号	目 的	作 用
3	"无尘化"车间	提高产品质量
4	目标零故障	减少伤害事故

4.清洁

清洁和作用的要点

序 号	作 用	要 点
1	培养良好工作习惯	责任明确
2	形成企业文化	重视标准管理
3	维持和持续改善	形成考核成绩
4	提高工作效率	强化新人教育

5.素养

素养推行要领和方法

序 号	要 领	方 法
1	制定规章制度	利用早会、周会进行教育
2	识别员工标准	服装、厂牌、工作帽等识别
3	开展奖励制度	进行知识测验评选活动
4	推行礼貌活动	举办板报漫画活动

6.安全

安全管理的目的:保障员工的安全,保证生产正常运转,减少经济损失,制定紧急对应措施。

执行的方法:安全隐患识别,实行现场巡视,安全宣传、安全教育、安全检查。

五、"6S"实施细则

①教育培训,责任区域,责任部门,动员大会。

②推行计划,制定基准,职能培训,建立看板。

③工具器材,识别实施,建立责任,行动实事。

④进行改善,定期检查,定期评比,结果公布。

▶**技能训练**

1.根据"6S"知识,整理钳工技能实训室。

序号	项　目	活动对象	实施效果	目　的
1	整理			
2	整顿			
3	清扫			
4	清洁			
5	素养			
6	安全			

2.在学习完"6S"基础上,自学"8S"管理。

▶**课后作业**

1.试述钳工安全操作规程。

2.钳工常用设备有哪些？

3.台虎钳的作用是什么？

项目二　划线和工量具

▶项目概述

　　划线是钳工一项最基本技能。本项目主要学习划线概念、主要作用、划线分类等;熟悉划线工、量具使用、划线前的准备工作。

▶知识目标

　　1.了解划线概念、作用。

　　2.能熟练运用划线工、量具。

　　3.掌握划线技巧和划线方法。

　　4.能做好划线前的准备工作等。

▶技能目标

　　1.能处理划线中遇到的问题。

　　2.能根据机械零件图纸正确划线。

▶情感目标

　　通过本项目学习,使学生能安全、正确、规范地操作划线工具。

任务一　划线概述

　　根据图样要求,在毛坯或工件上,用划线工具划出待加工部位的轮廓线,或作为找正检验依据的点和线,称为划线。划线的精度一般为 0.25~0.5 mm。

　　一、毛坯或半成品为什么要进行划线

　　①所划的轮廓线即为毛坯或半成品的加工界限和依据,所划的基准点或线是工件安装时的标记或校正线。

　　②在单件或小批量生产中,可用划线来检查毛坯或半成品的形状和尺寸,合理地分配各

加工表面的余量,及早发现不合格品,避免造成后续加工工时的浪费。

③在板料上划线下料,可做到正确排料,使材料合理作用。

划线是一项复杂、细致的重要工作,如果划错,就会造成加工工件的报废。所以划线直接关系到产品的质量。对划线的要求是:尺寸准确、位置正确、线条清晰、冲眼均匀。

二、划线操作时的注意事项

①看懂图样,了解零件的作用,分析零件的加工顺序和加工方法;

②工件夹持或支承要稳妥,以防滑倒或移动;

③在一次支承中应将要划出的平行线全部划全,以免再次支承补划,造成误差;

④正确使用划线工具,划出的线条要准确、清晰;

⑤划线完成后,要反复核对尺寸,才能进行机械加工。

三、划线的种类

1.平面划线

只需要在工件的一个表面上划线就能表示加工界限的,称为平面划线。

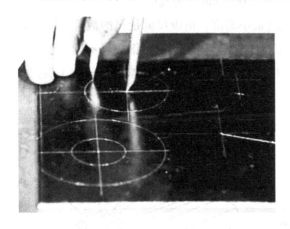 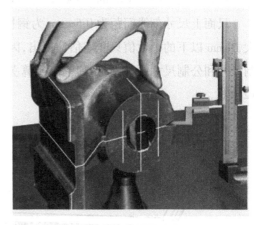

图 2-1　平面划线　　　　　　　　　　　图 2-2　立体划线

2.立体划线

需要在工件的几个互成不同角度(通常是互相垂直)的表面上划线,才能明确表示加工界限的,称为立体划线。

任务二　划线工具及量具

熟悉正确使用划线工具,是做好划线工作的前提。

一、划线工具

1.划线平台

划线平台(图 2-3)一般由铸铁制成,工作表面经过精刨或刮削加工,作为划线时的基准平面。划线平台一般用木架搁置,高度在 1 m 左右,放置时应使平台工作表面处于水平状态。

划线平台使用注意要点:

①划线平台一般要求保证基准面处于水平状态。

②平台工作表面应保持清洁。

③工件和工具在平台上都要轻拿、轻放,不可损伤其工作面。

④用后要擦拭干净,并涂上机油防锈。

2.钢板尺

钢板尺是用不锈钢制成的一种直尺,是一种最基本的量具,可以用来测量工件的长度、宽度、高度和深度或作为刻划线条时的导尺。

钢板尺的规格有 150 mm、300 mm、500 mm 和 1 000 mm 四种规格。

尺面上尺寸刻线间距为 0.5 mm,为钢板尺的最小刻度。钢板尺测量出的数值误差比较大,1 mm 以下的小数值只能靠估计得出,因此,不能用作精确的测定。钢板尺刻度一般有英制尺寸和公制尺寸两种刻线,其单位换算关系如下:1 英寸(in)= 25.4 毫米(mm),1 英尺 = 12 英寸。

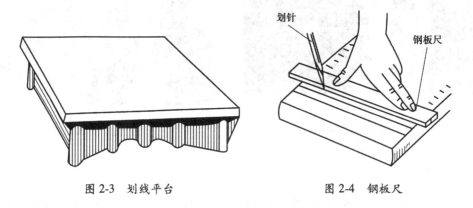

图 2-3　划线平台　　　　　　图 2-4　钢板尺

3.直角尺

直角尺是用来检查或测量工件内、外直角和平面度的一种量具,也是划线、装配时常用的量具。直角尺的两边长短不同,长而薄的一面叫尺苗,短而厚的一面叫尺座。

直角尺测量外直角的用法:将尺座一面靠紧工件基准面,另一尺边向工件的另一面靠拢,观察尺边与工件贴合处,用透过缝隙的光线是否均匀来判断工件两邻面是否垂直。

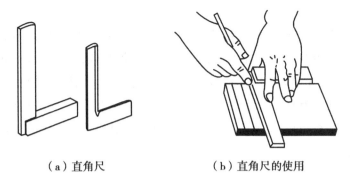

（a）直角尺　　　　（b）直角尺的使用

图 2-5　直角尺

4.划针

划针(图 2-6)用来在工件上划线条,由弹簧钢丝或高速钢制成,直径一般为 3~5 mm,尖端磨成 10°~20° 的尖角,并经热处理淬火硬化。有的划针在尖端部位焊有硬质合金,耐磨性更好。

使用注意要点:

在用钢板尺和划针连接两点的直线时,先用划针和钢板尺定好一点的划线位置,然后调整钢板尺使其与另一点的划线位置对准,再划出两点的连接直线。划线时,针尖要紧靠

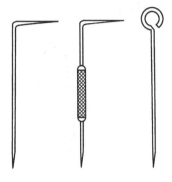

图 2-6　划针

导向工具的边缘,上部向外侧倾斜 15°~20°,向划线移动方向倾斜 45°~75°。针尖要保持尖锐,划线要尽量一次划成,使划出的线条既清晰又准确。

5.划线盘

划线盘(图 2-8)用来在划线平台上对工件进行划线或找正工件在平台上的正确安放位置。划针的直头端用来划线,弯头端用来对工件安放位置进行找正。

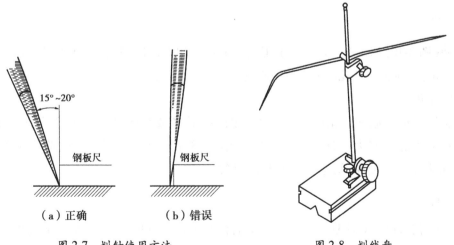

（a）正确　　　　（b）错误

图 2-7　划针使用方法　　　　图 2-8　划线盘

使用注意要点:

用划线盘进行划线时,划针应尽量处于水平位置,不要太倾斜,划针伸出部分应尽量短些,并要牢固地夹紧,以避免划线时产生振动和尺寸变动;划线盘在移动时,底座底面始终要与划线平台平面贴紧,无摇晃或跳动;划针与工件划线表面之间保持夹角 40°～60°(沿划线方向),以减小划线阻力和防止针尖扎入工件表面;划较长直线时,应采用分段连接划法,这样可对各段的首尾作校对检查,避免在划线过程中由于划针的弹性变形和划线盘本身的移动所造成的划线误差。

6.划规

划规(图 2-9)用来划圆和圆弧、等分线段、等分角度以及量取尺寸等。

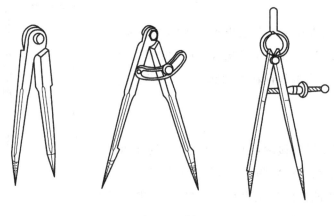

图 2-9　划规

使用注意要点:

划规两脚的长短要磨得稍有不同,而且两脚合拢时脚尖能靠紧,这样才可划出尺寸较小的圆弧,划规的脚尖应保持尖锐,以保证划出的线条清晰;用划规划圆时,作为旋转中心的一脚应加以较大的压力,另一脚则以较轻的压力在工件表面上划出圆或圆弧,以避免中心滑动。

7.样冲

样冲(图 2-10)用来在工件所划加工线条上打样冲眼(冲点),作加强界限标志(称检验样冲眼)和作划圆弧或钻孔时的定位中心(称中心样冲眼)。

使用注意事项:

冲点位置要准确,不可偏离线条;曲线上的冲点距离要小些,如直径小于 20 mm 的圆周上应有 4 个冲点,直径大于 20 mm 的圆周线上应有 8 个以上冲点;薄壁上或光滑表面上的冲点要浅,粗糙表面上要深;精加工表面禁止打样冲眼。

8.方箱

方箱(图 2-11)是立体划线工具。方箱的各个相对表面相互平行,相邻平面相互垂直。划线时,可通过方箱上方的夹紧装置对工件预先夹紧,通过翻转方箱,便可将工件各个表面上的线条全部划出来,方箱上表面的 V 形槽可方便地装夹圆柱体工件。

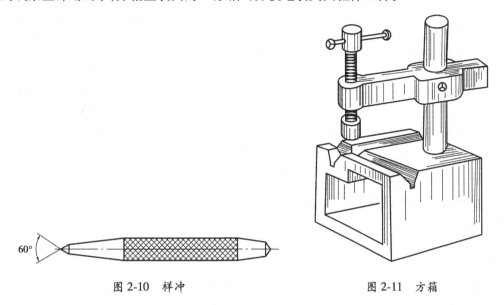

图 2-10　样冲　　　　　　　　　　　　图 2-11　方箱

9.V 形铁

V 形铁(图 2-12)一般由碳素钢制成。一般 V 形铁都是两个一组配对使用,V 形槽夹角多为 90°或 120°,用来支承圆柱形工件,以划出中心线,找出中心等。

使用注意事项:

①要保证 V 形支撑面的清洁。

②划线时,工件要紧贴 V 形铁,以保证工件与基准平面垂直。

③在圆柱形工件表面划线时,必须使用同一规格的 V 形铁支承工件。

10.千斤顶

千斤顶(图 2-13)多用来支承形状不规则的复杂工件进行立体划线,一般 3 个为 1 组配合使用。划线中可以改变千斤顶的高度来获得所要求的位置。

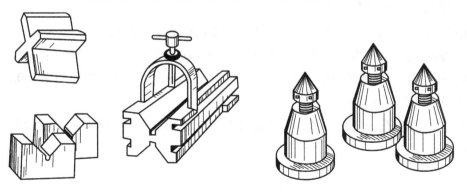

图 2-12　V 形铁　　　　　　　　　　　图 2-13　千斤顶

11.直角铁

直角铁(图 2-14)以相互垂直的外表面作为工作表面。角铁上的孔或槽是搭压板时穿螺栓用的。

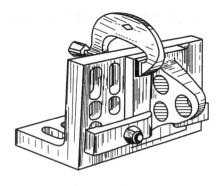

图 2-14 直角铁

二、划线量具

为了保证产品质量,必须对加工中及加工完毕的工件进行严格的测量。所谓测量,是指将被测量(未知量)与已知的标准量进行比较,以得到被测量大小的过程,是对被测量对象定量认识的过程。用来测量、检验零件和产品尺寸及形状的工具被称为量具。

1.游标卡尺

游标卡尺是一种常用的量具,具有结构简单、使用方便、精度中等和测量的尺寸范围大等特点,可以用它来测量零件的外径、内径、长度、宽度、厚度、深度和孔距等,应用范围很广。

(1)游标卡尺的结构

游标卡尺可用来测量长度、厚度、外径、内径、孔深和中心距等。其主要由尺身、上量爪、下量爪、游标、紧固螺钉、深度尺等组成(图 2-15)。游标卡尺的精度有 0.1 mm、0.05 mm 和 0.02 mm 三种。

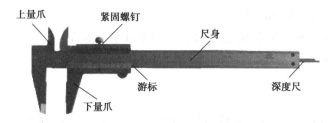

图 2-15 游标卡尺的结构

(2)游标卡尺的读数原理

游标卡尺是利用主尺刻度间距与副尺刻度间距读数的。以 0.02 mm 游标卡尺为例,主尺的刻度间距为 1 mm,当两卡脚合并时,主尺上 49 mm 刚好等于副尺上 50 格,副尺每格长为 0.98 mm。主尺与副尺的刻度间相关为 1−0.98=0.02 mm,因此它的测量精度为 0.02 mm。

(3)游标卡尺的读数方法

游标卡尺读数分为三个步骤,下面以图 2-16 所示 0.02 mm 游标卡尺的某一状态为例进行说明。

图 2-16 游标卡尺读数示例

①在主尺上读出副尺零线以左的刻度,该值就是最后读数的整数部分。图示为 33 mm。

②副尺上一定有一条与主尺的刻线对齐,在刻尺上读出该刻线距副尺的格数,将其与刻度间距 0.02 mm 相乘,就得到最后读数的小数部分。图示为 0.24 mm。

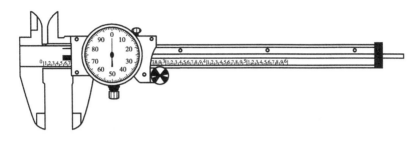

图 2-17 带表游标卡尺

③将所得到的整数和小数部分相加,就得到总尺寸为 33.24 mm。

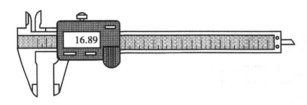

图 2-18 电子数显游标卡尺

(4)其他游标卡尺

①电子数显卡尺及带表卡尺:其特点是读数直观准确,使用方便而且功能多样。当电子数显卡尺测得某一尺寸时,数字显示部分就清晰地显示出测量结果。

②深度游标卡尺:用来测量台阶的高度、孔深和槽深(图 2-19)。

图 2-19 深度游标卡尺

③高度游标卡尺:用来测量零件的高度和划线(图 2-20)。

④齿厚游标卡尺:用来测量齿轮(或蜗杆)的弦齿厚或弦齿高(图 2-21)。

(5)游标卡尺的使用方法和测量范围

游标卡尺的测量范围很广,可以测量工件宽度、外径、内径、深度等,测量工件姿势和方法如图 2-22 至图 2-25 所示。

(6)游标卡尺使用方法及注意事项

①根据被测工件的特点、尺寸大小和精度要求选用合适的类型、测量范围和分度值。

②测量前应将游标卡尺清理干净,并将两量爪合并,检查游标卡尺的精度状况;大规格的游标卡尺要用标准棒校准检查。

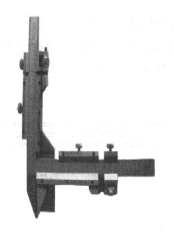 

图 2-20 高度游标卡尺   图 2-21 齿厚游标卡尺

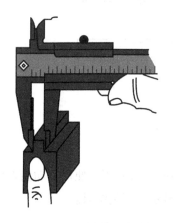

图 2-22 测量工件宽度   图 2-23 测量工件外径

图 2-24 测量工件内径   图 2-25 测量工件深度

③测量时,被测工件与游标卡尺要对正,测量位置要准确,两量爪与被测工件表面接触松紧合适。

④读数时,要正对游标刻线,看准对齐的刻线,正确读数;不能斜视,以减少读数误差。

⑤用单面游标卡尺测量内尺寸时,测得尺寸应为卡尺上的读数加上两量爪宽度尺寸。

⑥严禁在毛坯面、运动工件或温度较高的工件上进行测量,以防损伤量具精度和影响测量精度。

2.内径百分表

内径百分表(图2-26)是将测头的直线位移变为指针的角位移的计量器具。用比较测量法完成测量,用于不同孔径的尺寸及其形状误差的测量。在汽车修理中主要用于测量发动机缸径。

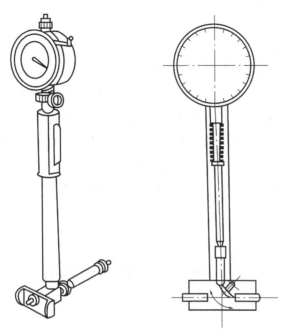

图 2-26　内径百分表

(1)使用前检查

①检查表头的相互作用和稳定性。

②检查活动测头和可换测头表面光洁,连接稳固。

(2)读数方法

测量孔径,孔轴向的最小尺寸为其直径,测量平面间的尺寸,任意方向内均以最小的尺寸为平面间的测量尺寸。百分表测量读数加上零位尺寸即为测量数据。

(3)正确使用

①把百分表插入量表直管轴孔中,压缩百分表一圈,紧固。

②选取并安装可换测头,紧固。

③测量时手握隔热装置。

④根据被测尺寸调整零位。

用已知尺寸的环规或平行平面(千分尺)调整零位,以孔轴向的最小尺寸或平面间任意方向内均最小的尺寸对0位,然后反复测量同一位置2~3次后检查指针是否仍与0线对齐,如不齐则重调。

为读数方便,可用整数来定零位。

⑤测量时,摆动内径百分表,找到轴向平面的最小尺寸(转折点)来读数。

⑥测杆、测头、百分表等配套使用,不要与其他表混用。

（4）维护与保养

①远离液体,不使冷却液、切削液、水或油与内径表接触。

②在不使用时,要摘下百分表,使表解除其所有负荷,让测量杆处于自由状态。

③成套保存于盒内,避免丢失与混用。

（5）注意事项

①在测量前须根据被测工件的尺寸,选用相应尺寸的测头,调整内径千分表零位。使用后也要对零位,以便观察内径千分表变化情况。

②在调整及测量工作中,内径百分表的测头应与环规及被测孔径垂直,即在径向找最大值,在轴向找其最小值。测量槽宽时,在径向及轴向找其最小值。具有定心器的内径百分表在测量内孔时,只要将仪器按孔的轴线方向来回摆动,其最小值即为孔的直径。

③内径千分表读数值的精度比内径百分表高,更应注意使用不当带来的影响。

④测量杆外面是套管,套管外还有塑料管,手只能捏在塑料管上,不要将人体的热传到内径千分表测量杆上。

3.塞尺

塞尺（图 2-27）又叫厚薄规,是用来测量零部件配合体间隙大小的工具。塞尺的测量精度一般为 0.01 mm。

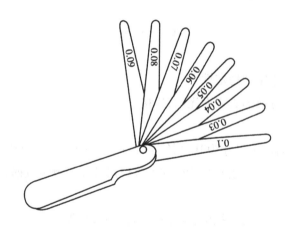

图 2-27　塞尺

使用时,应先检查被测表面有无障碍物,如有应预先清理,以免影响测量精度和损坏塞尺。应尽量避免与被测表面的磨擦,提高塞尺的使用寿命和精度。

测量时可以根据需要使用 1 片或几片组合,测量精度 0.01 mm。使用时把规片和测件都擦拭干净,塞紧力适宜,根据塞入的规片数求得配合之间的间隙大小。

测量时,应先用较薄的一片塞尺插入被测间隙内,若仍有空隙,则挑选较厚的塞尺依次插入,直至恰好塞进而不松不紧,该片塞尺的厚度即为被测间隙大小。若没有所需厚度的塞尺,可取若干片塞尺相叠代用,被测间隙即为各片塞尺尺寸之和,但误差较大。

由于塞尺很薄,容易折断,使用时应特别小心,使用后应擦拭干净,在表面涂以防锈油,并收回到保护板内,以备下次使用。

塞尺的测量面不应有锈迹、划痕、折痕等明显的外观缺陷。

4.万能角度尺

万能角度尺是用来测量工件内、外角度的量具,其结构如图2-28所示。

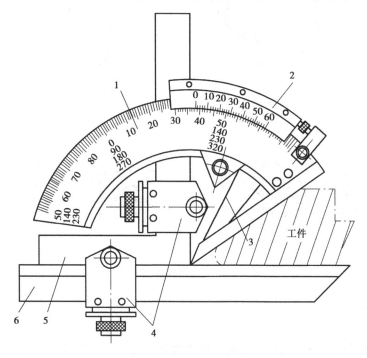

图2-28 万能角度尺

1—主尺;2—游标;3—扇形板;4—支架;5—角尺;6—直尺

万能角度尺的读数机构是根据游标原理制成的。主尺刻线每格为1°。游标的刻线是取主尺的29°等分为30格,因此游标刻线角格为29°/30,即主尺与游标一格的差值为$1°-\dfrac{29°}{30}=\dfrac{1°}{30}=2'$,也就是说万能角度尺读数准确度为2′。其读数方法与游标卡尺完全相同。

测量时应先校准零位。万能角度尺的零位,是当角尺与直尺均装上,而角尺的底边及基尺与直尺无间隙接触,此时主尺与游标的"0"线对准。调整好零位后,通过改变基尺、角尺、直尺的相互位置可测试0~320°范围内的任意角。

应用万能角度尺测量工件时,要根据所测角度适当组合量尺,其应用举例如图2-29所示,还必须做好量具的维护和保养工作。

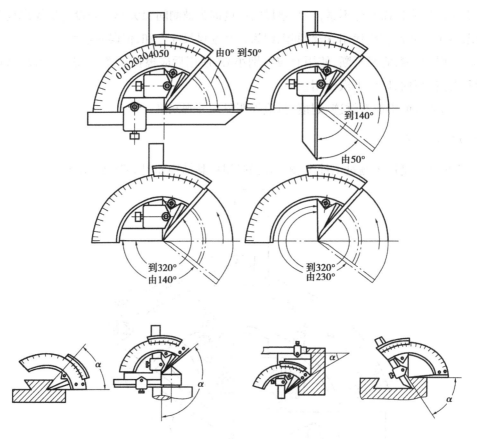

图 2-29　万能角度尺的应用

三、量具的维护与保养

正确地使用精密量具是保证产品质量的重要条件之一。要保持量具的精度和它工作的可靠性,在使用中要按照合理的使用方法进行操作:

①测量前,应把量具的测量面和零件的被测量表面都要揩干净,以免因有脏物存在而影响测量精度。用精密量具,如游标卡尺、百分尺和百分表等,去测量锻铸件毛坯,或带有研磨剂(如金刚砂等)的表面是错误的,这样易使测量面很快磨损而失去精度。

②在机床上测量零件时,要等零件完全停稳后进行,否则不但会使量具的测量面过早磨损而失去精度,还会造成事故。尤其是车工使用外卡时,不要以为卡钳简单,磨损一点无所谓,要注意铸件内常有气孔和缩孔。一旦钳脚落入气孔内,可把操作者的手也拉进去,造成严重事故。

③量具在使用过程中,不要和工具、刀具(如锉刀、榔头、车刀)和钻头等堆放在一起,以免碰伤量具。也不要随便放在机床上,以免因机床振动而使量具掉下来损坏。尤其是游标卡尺等,应平放在专用盒子里,免使尺身变形。

④量具是测量工具,绝对不能作为其他工具的代用品。例如拿游标卡尺划线,拿百分尺当小榔头,拿钢直尺当起子旋螺钉,以及用钢直尺清理切屑等都是错误的。不能把量具当玩

具,如把百分尺等拿在手中任意挥动或摇转等也是错误的,都易使量具失去测量精度。

⑤温度对测量结果影响很大,零件的精密测量一定要使零件和量具都在 20 ℃ 的情况下进行测量。一般可在室温下进行测量,但必须使工件与量具的温度一致,否则,由于金属材料的热胀冷缩特性,使测量结果不准确。温度对量具精度的影响亦很大,量具不应放在阳光下或床头箱上,因为量具温度升高后,也量不出正确尺寸。更不要把精密量具放在热源(如电炉、热交换器等)附近,以免量具受热变形而失去精度。

⑥不要把精密量具放在磁场附近,例如磨床的磁性工作台上,以免量具感磁。

⑦发现精密量具有不正常现象时,如量具表面不平、有毛刺、有锈斑以及刻度不准、尺身弯曲变形、活动不灵活等,使用者不应当自行拆修,更不允许自行用榔头敲、锉刀锉、砂布打光等粗糙办法修理,以免增大量具误差。发现上述情况,使用者应当主动送计量站检修,并经检定量具精度后再继续使用。

⑧量具使用后,应及时揩干净,除不锈钢量具或有保护镀层者外,金属表面应涂上一层防锈油,放在专用的盒子里,保存在干燥的地方,以免生锈。

⑨精密量具应实行定期检定和保养,长期使用的精密量具,要定期送计量站进行保养和检定精度,以免因量具的示值误差超差而造成产品质量事故。

任务三 划线前的准备与划线基准的选择

一、划线前的准备

①分析图样,了解工件的加工部位和要求,选择好划线基准。

②清理工件,对铸、锻件毛坯,应将型砂、毛刺、氧化皮去除掉,并用钢丝刷清理干净;对已生锈的半成品,要将浮锈刷掉。

③在工件的划线部位涂色,要求涂得薄而均匀。

④在工件孔中安装中心塞块。

⑤擦净划线平板,准备好划线工具。

二、划线基准的确定

用划线盘划各种水平线时,应选定某一基准作为依据,并以此来调节每次划针的高度,这个基准称为划线基准。

一般划线基准与设计基准应一致。常选用重要孔的中心线为划线基准,或以零件上尺寸标注基准线为划线基准。若工件上个别平面已加工过,则以加工过的平面为划线基准。常见的划线基准有三种类型:

①以两个相互垂直的平面(或线)为基准(图 2-30);

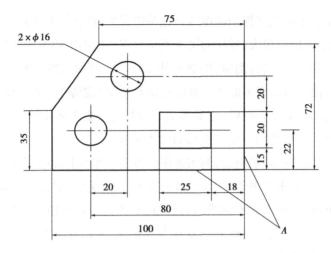

图 2-30　以两个相互垂直的平面(或线)为基准

②以一个平面与对称平面(和线)为基准(图 2-31);

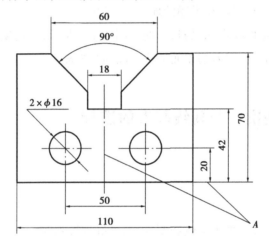

图 2-31　以一个平面与对称平面(和线)为基准

③以两个互相垂直的中心平面(或线)为基准(图 2-32)。

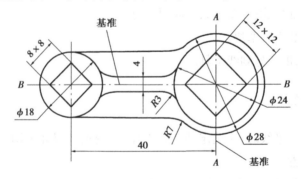

图 2-32　以两个互相垂直的中心平面(或线)为基准

任务四 划线时的找正和借料

一、找正

对于毛坯工件,划线前一般都要先做好找正工作。找正就是利用划线工具(如划线盘、90°角尺、单脚规等)使工件上有关的毛坯表面处于合适的位置。其目的如下:

①当毛坯上有不加工表面时,通过找正后再划线,可使加工表面与不加工表面之间保持尺寸均匀。

②当毛坯上没有不加工表面时,应通过对各待加工表面自身位置的找正后再划线,可使各待加工表面的加工余量得到合理和较均匀的分布,而不致出现过多或过少的现象。

③当工件上有两个以上的不加工表面时,应选择其中面积较大、较重要的或外观质量要求较高的表面作为主要找正依据,并兼顾其他较次要的不加工表面,使划线后的加工表面与不加工表面之间的尺寸,如壁厚、凸台的高低等都尽量均匀和符合要求,而把无法弥补的误差反映到较次要的或不显眼的部位上。

二、借料

借料是一种划线的方法。当毛坯存在一定的误差和缺陷,但误差不大,或是只有局部缺陷,这时可通过试划和调整,使各个加工表面的加工余量合理分配,互相借用,从而保证各个加工表面都有足够的加工余量,而误差和缺陷可以在加工后排除,这样的方法称为借料。

借料的具体方法可以通过以下两例来说明:

图 2-33(a)所示为一圆环,是一个锻造毛坯,其内外圆柱面和两端面都要加工。

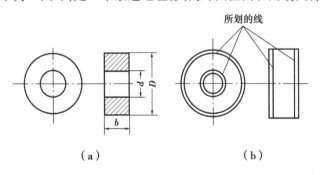

（a） （b）

图 2-33 圆环图样及其划线

若按外圆找正,划内孔加工线,则内孔个别部分的加工余量不够,如图 2-34(a)所示。若按内圆找正,划外圆加工线,则外圆个别部分的加工余量不够,如图 2-34(b)所示。只有在外圆和内孔都兼顾的情况下,适当地将圆心调整到锻造内孔圆心之间的一个合适的位置,以调整后确定的圆心划线,内孔和外圆才能保证都有足够的加工余量,如图 2-34(c)所示。

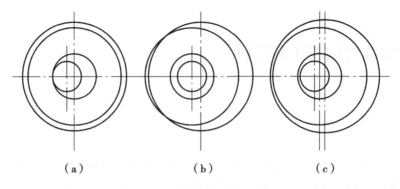

（a）　　　　　　　　（b）　　　　　　　　（c）

图 2-34　圆环划线的借料

▶**技能练习**

一、平面划线练习

1.工具

划线平台、钢板尺、90°角尺、划针、划规、样冲、手锤。

2.操作要求

①正确使用划线工具；

②划线粗细均匀,线条清晰,打样冲眼准确；

③能正确读出量具刻度的数值。

3.操作步骤

①准备好划线工具；

②清理工件,表面涂色；

③分析图样,根据图样排版；

④正确找出基准线,按几何作图法进行划线；

⑤检查校对,打样冲眼。

4.安全及注意事项

①不准用手直接清理毛坯料；

②必须正确使用工具；

③防止盲目在工件上划线；

④不要乱扔、乱放工件,养成文明生产的习惯；

⑤打样冲眼时,注意安全；

⑥划线后必须仔细复检校对。

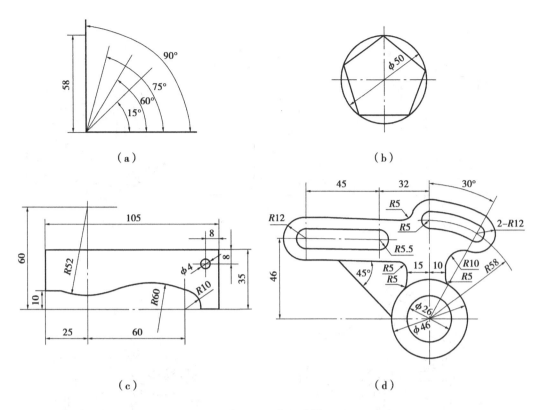

图 2-35 练习图样

二、立体划线练习

1.工具

钢板尺、游标卡尺、高度尺、划针、划规、直角尺、样冲、手锤、划线平台等。

2.操作步骤

①清理工件,孔中装好中心塞铁;

②工件涂色;

③划基准线;

④以基准线为基准划其他尺寸线;

⑤依据图样检查正确性,合格后打样冲眼。

3.注意事项

①工件要安放稳妥;

②划线确定孔中心点要准确,样冲打眼不得冲偏;

③确定孔中心线前,必须检查平面度和垂直度,以保证中心线的准确性。

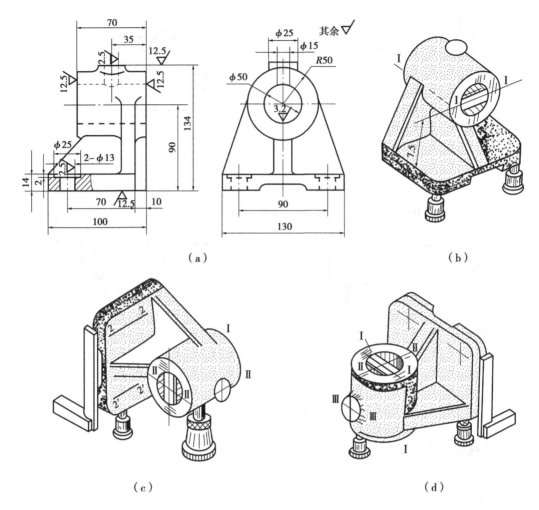

图 2-36　练习图样

▶课后作业

1.划线操作时的注意事项有哪些?

2.划线平台使用时的注意要点有哪些?

3.简述直角尺测量外直角的用法。

4.看图(见图 2-37)识读游标卡尺数值。

(1)读数分别为:

(2)读数分别为:

5.简述 0.02 mm 精度游标卡尺的工作原理。

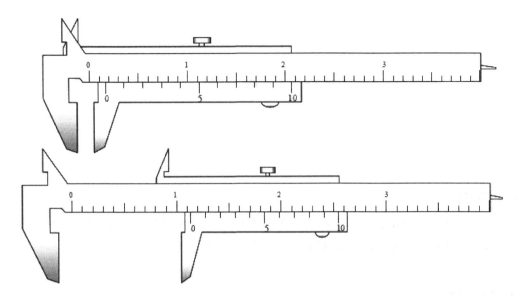

图 2-37 游标卡尺读数图

项目三　锯　割

▶项目概述

　　锯割是机械加工中最普通常见一项技能。本项目主要介绍锯割概念、作用、加工范围等。让学生熟悉锯割工具使用方法,能锯割加工各种型材。

▶知识目标

　　1.了解锯割加工概念、工作范围。

　　2.能正确安装锯条、锯弓等。

　　3.能正确进行工件夹持。

　　4.会判断零件锯割质量分析。

▶技能目标

　　1.能根据图纸进行锯割加工。

　　2.熟悉各种型材的锯割方法(薄板、圆管等)。

▶情感目标

　　通过本项目学习,使学生掌握锯割的相关安全生产知识。

任务一　锯割基础知识

　　一、锯割的概念及作用

　　利用锯条锯断金属材料(或工件)或在工件上进行切槽的操作称为锯割。虽然当前各种自动化、机械化的切割设备已广泛使用,但毛锯切割还是常见的,它具有方便、简单和灵活的特点,在单件小批生产、临时工地以及切割异形工件、开槽、修整等场合应用较广。因此,手工锯割是钳工需要掌握的基本操作之一。

二、锯割的工作范围

①分割各种材料及半用品；
②锯掉工件上多余部分；
③在工件上锯槽。

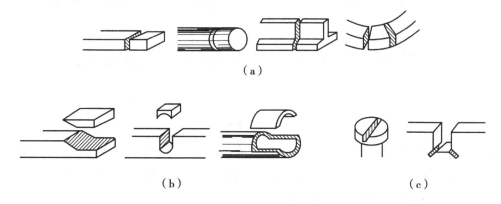

（a）

（b）　　　　　　　　　　（c）

图 3-1 锯割的应用

三、锯割工具

手锯：由锯弓和锯条两部分组成。

（一）锯弓

锯弓是用来夹持和拉紧锯条的工具，有固定式和可调式两种。固定式锯弓的弓架是整体的，只能装一种长度规格的锯条。可调式锯弓的弓架分成前后段，由于前段在后段套内可以伸缩，因此可以安装几种长度规格的锯条，故目前广泛使用的是可调式锯弓（图 3-2）。

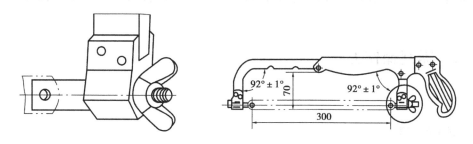

图 3-2 可调式锯弓

（二）锯条

1.锯条的材料与结构

锯条是用碳素工具钢（如 T10 或 T12）或合金工具钢，并经热处理制成。

锯条的规格以锯条两端安装孔间的距离来表示（长度有 150~400 mm）。常用的锯条是长 399 mm、宽 12 mm、厚 0.8 mm。

锯条的切削部分由许多锯齿组成,每个齿相当于一把錾子起切割作用。常用锯条的前角 γ 为 0、后角 α 为 40°~50°、楔角 β 为 45°~50°。

锯条的锯齿按一定形状左右错开,排列成一定形状称为锯路(图 3-3)。锯路有交叉、波浪等不同排列形状。锯路的作用是使锯缩宽度大于锯条背部的厚度,防止锯割时锯条卡在锯缝中,并减少锯条与锯缝的摩擦阻力,使排屑顺利,锯割省力。

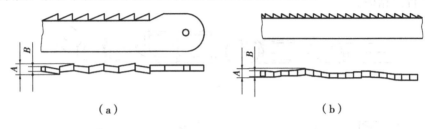

（a）　　　　　　　　　　　　　　　　（b）

图 3-3　锯路

锯齿的粗细是按锯条上每 25 mm 长度内齿数表示的。14~18 齿为粗齿,19~24 齿为中齿,25~32 齿为细齿。锯齿的粗细也可按齿距 t 的大小来划分:粗齿的齿距 $t = 1.6$ mm,中齿的齿距 $t = 1.2$ mm,细齿的齿距 $t = 0.8$ mm。

2.锯条粗细的选择

锯条的粗细应根据加工材料的硬度、厚薄来选择。

锯割软材料(如铜、铝合金等)或厚材料时,应选用粗齿锯条,因为锯屑较多,要求较大的容屑空间。

锯割硬材料(如合金钢等)或薄板、薄管时,应选用细齿锯条,因为材料硬,锯齿不易切入,锯屑量少,不需要大的容屑空间;锯薄材料时,锯齿易被工件勾住而崩断,需要同时工作的齿数多,使锯齿承受的力量减少。

锯割中等硬度材料(如普通钢、铸铁等)和中等硬度的工件时,一般选用中齿锯条。

任务二　锯割操作方法

一、锯条的安装

手锯是向前推时进行切割,在向后返回时不起切割作用,因此安装锯条时应锯齿向前;如果安错方向,不仅不能切割,而且锯条会很快磨损(图 3-4)。锯条的松紧要适当,太紧则失去了应有的弹性,锯条容易崩断;太松则会使锯条扭曲,锯缝歪斜,锯条也容易崩断。

二、工件的装夹方法

工件一般应夹在台虎钳的左面,以便操作;工件伸出钳口的部分不应过长,应使锯缝离

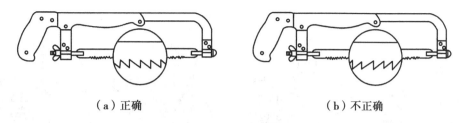

（a）正确　　　　　　　　　（b）不正确

图 3-4　锯条安装

开钳口侧面约 20 mm,否则工件在锯割时会产生振动;锯缝线要与钳口侧面保持平行(使锯缝线与铅垂线方向一致),这样便于控制锯缝不偏离划线线条;工件夹紧要牢靠,不可有抖动,避免锯削时工件移动或使锯条折断。同时,要避免将工件夹变形和夹坏已加工面。

锯割线应与钳口垂直,以防锯斜;锯割线离钳口不应太远,以防锯割时产生抖动。

三、锯割姿势及锯削运动

1.手锯握法

右手满握锯柄,左手呈虎口状,拇指压住锯梁背部,其他四指轻扶在锯弓前端(图 3-5)。

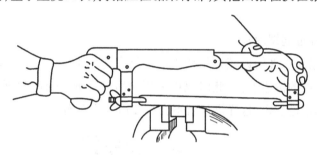

图 3-5　手锯握法

2.锯割姿势

站立姿势两腿自然站立,身体重心稍微偏于后脚。身体与虎钳中心线大致成 45°角,且略向前倾;左脚跨前半步(左右两脚后跟之间的距离为 250~300 mm),脚掌与虎钳成 30°角,膝盖处稍有弯曲,保持自然;右脚要站稳伸直,不要过于用力,脚掌与虎钳成 75°角;视线要落在工件的切削部位上(图 3-6)。

锯割动作:推锯时身体上部稍向前倾,给手锯以适当的压力而完成锯削;拉锯时不切削,应将锯稍微提起,以减少锯齿的磨损。推锯时推力和压力均由右手控制,左手几乎不加压力,主要配合右手起扶正锯弓的作用。工件将要锯断时压力要小。

3.起锯方法

起锯是锯割工作的开始。起锯质量的好坏直接影响锯割质量。起锯不正确,会使锯条跳出锯缝将工件拉毛或者引起锯齿崩裂。

起锯时,左手拇指靠住锯条,使锯条能正确地锯在所需要的位置上,行程要短,压力要

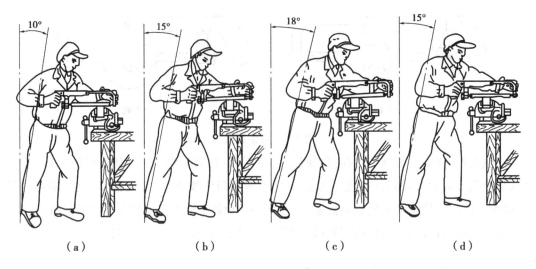

图 3-6 锯削姿势

小,速度要慢。起锯角度约为15°。如果起锯角太大,则起锯不易平稳,尤其是近起锯时锯齿会被工件棱边卡住引起崩裂。但起锯角也不宜太小,否则,由于锯齿与工件同时接触的齿数较多,不易切入材料,多次起锯往往容易发生偏离,使工件表面锯出许多锯痕,影响表面质量。

起锯有远起锯和近起锯两种。

①近起锯指锯条在工件的近端开始切入的起锯方法[图3-7(c)]。如果用近起锯而掌握不好,锯齿会被工件的棱边卡住,此时也可采用向后拉手锯作倒向起锯,使起锯时接触的齿数增加,然后再作推进起锯,这样锯齿就不会被棱边卡住而崩裂。

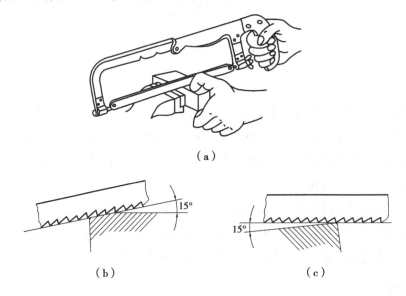

图 3-7 起锯

②远起锯指锯条在工件的远端开始切入的起锯方法[图3-7(b)]。一般情况下采用远起锯较好,因为远起锯的锯齿是逐步切入材料,锯齿不易卡住,起锯比较方便。为了保证起

锯位置正确,可用左手大拇指挡住锯条一侧来定位。起锯时压力要小,往返行程要短,速度要慢,这样可使起锯平稳。

起锯锯到槽深有 2~3 mm 时,锯条已不会滑出槽外,左手拇指可离开锯条,扶正锯弓逐渐使锯痕向后(向前)成为水平,然后往下正常锯割。正常锯割时应使锯条的全部有效齿在每次行程中都参加锯割。

4.锯削行程和速度

正常锯割时,手握锯弓要舒展自然,右手握住手柄向前施加压力,左手轻扶在弓架前端,稍加压力。人体重力均布在两腿上。锯割时速度不宜过快。

①锯削行程指锯条在工件上锯割的有效长度,通常不小于锯条全长的 2/3。锯削时应尽量利用锯条的有效长度。行程太短,锯条中间部分迅速磨损,锯条寿命缩短,甚至会因局部磨损、锯缝变窄造成锯条卡死和折断。一般往复行程不应小于锯条全长的 2/3。

②锯削速度指锯条每分钟往返运动的次数。锯削运动的速度一般以 20~40 次/min 为宜。锯割硬材料要慢些,锯割软材料要快些,同时,锯割行程应保持均匀,返回行程的速度应相对快些,以提高锯削效率。

5.锯弓的运动方式

锯割时,锯弓的运动方式有两种:一种是直线运动,适用于锯缝底面要求平直的槽和薄壁工件的锯割;另一种是锯弓上下摆动运动,这样操作自然,两手不易疲劳。

①直线式运动指割时锯弓始终平直地沿直线往返运动。直线运动适用于锯削锯缝底面要求平直的槽和薄壁工件。锯削质量较高。

②摆动式运动指锯弓在往返运动的同时还要作小幅度的上下摆动。锯割运动一般采用小幅度的上下摆动式运动,即手锯推进时身体略向前倾,双手随着手锯前推的同时,左手上翘、右手下压;回程时右手上抬,左手自然跟回,摆动要自然。这样可使操作自然,两手不易疲劳。

对锯缝底面要求平直的割锯,必须采用直线运动。

锯割到材料快断时,用力要轻,以防碰伤手臂或拆断锯条。

四、不同类型工件的锯削方法

锯割圆钢时,为了得到整齐的锯缝,应从起锯开始以一个方向锯以结束。如果对断面要求不高,可逐渐变更起锯方向,以减少抗力,便于切入。

锯割圆管时,一般把圆管水平地夹持在虎钳内,薄管或精加工过的管子应夹在木垫之间。锯割管子不宜从一个方向锯到底,应该锯到管子内壁时停止,然后把管子向推锯方向旋转一些,仍按原有锯缝锯下去,这样不断转锯,直到锯断为止。

锯割薄板时,为了防止工件产生振动和变形,可把锯倾斜 90°后靠近钳口锯割或用木板夹住薄板两侧进行锯割。

锯割深缝时,可把锯条拆下,旋转 90°后再装上锯弓进行锯割,直至锯下材料为止。

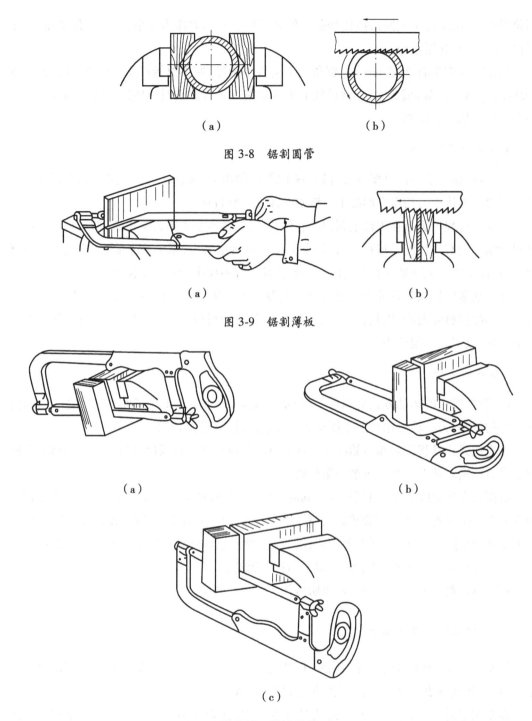

图 3-8　锯割圆管

图 3-9　锯割薄板

图 3-10　深缝锯割

五、锯削问题分析

1.锯条折断原因

①锯条安装得过紧或过松；

②工件装夹不正确；

③锯缝歪斜过多,强行借正；

④压力太大,速度过快；

⑤新换的锯条在旧的锯缝中被卡住。

2.锯条崩齿原因

①起锯角度太大；

②起锯用力太大；

③工件钩住锯齿。

3.锯削时的废品分析

①尺寸锯小；

②锯缝歪斜过多,超出要求范围；

③起锯时把工件表面损伤。

六、锯削的安全文明生产

①锯割前要检查锯条的装夹方向和松紧程度；

②锯割时压力不可过大,速度不宜过快,以免锯条折断伤人；

③锯割将完成时,用力不可太大,并需用左手扶住被锯下的部分,以免该部分落下时砸脚。

▶**技能训练**

1.工件毛坯尺寸:5 mm×75 mm×8 mm,应用学过技能,正确装夹工件并按图纸尺寸加工出正边形。（注意:四边倒棱去毛刺）

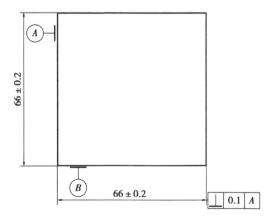

图 3-11　加工尺寸

2.根据自己实训情况,填写评分标准。

项目	项目要求	单次配分	实际得分
1.握锯姿势	正确	10	
2.站立姿势	正确	10	
3.锯削速度	40 次/min	20	
4.尺寸 66 mm	误差 1.0	15	
5.平行度	0.5	10	
6.垂直度	0.5	10	
7.表面粗糙度		10	
8.锯纹		5	
9.安全文明生产		违反扣分 1~20	
10.其他			
合计			

▶课后作业

1.锯条粗细的选择原则是什么?

2.如何起锯?

3.分析锯削时易产生哪些问题?

项目四　锉　削

▶项目概述

锉削是机械加工中至关重要一项技能,是利用锉刀对工件材料进行锉削加工的一种操作。它的应用范围很广,可锉工件的外表面、内孔、沟槽和各种形状复杂的表面。必须了解锉刀相关知识(种类、规格、主要参数),锉刀选用原则;掌握几种锉削方法。

▶知识目标

1.了解锉刀的种类、选用、主要参数等。

2.了解锉刀的正确握姿和站姿。

3.掌握平面、曲面锉削方法。

▶技能目标

1.能正确选用锉刀加工零件。

2.能掌握锉削加工过程中的质量检验和质量控制方法。

▶情感目标

使学生树立质量意识,正确测量出所加工零件尺寸,达到图纸设计精度。

任务一　锉刀基本知识

一、锉削的概念

锉削是指用锉刀对工件表面进行锉削,使其达到零件图所要求的形状、尺寸和表面粗糙度的加工方法。锉削加工简便,使用范围广,多用于錾削、锯削之后,可对工件上的平面、曲面、内外圆弧、沟槽以及其他复杂表面进行加工。其最高加工精度可达 IT7～IT8 级,表面粗糙度可达 0.8 μm。锉削可用于成形样板、模具型腔以及部件,机器装配时的工件修整,是钳工主要操作方法之一。

二、锉刀

锉刀是锉削所使用的刀具,常用碳素工具钢 T10、T12 制成,并经热处理淬硬到 HRC62～67 及以上。

1.锉刀的构造和种类

锉刀锉身由锉刀面、锉刀边、锉刀尾和锉刀舌等组成(图 4-1);锉刀的大小以锉刀面的工作长度来表示。锉刀的锉齿是在剁锉机上剁出来的。锉刀的齿纹多制成双纹,双纹锉刀的齿刃是间断的,即在全宽齿刃上有许多分屑槽,使锉屑碎断,不易堵塞锉面,锉削省力,使用较普遍。

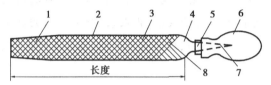

图 4-1　锉刀的结构

1—锉刀面;2—锉刀边;3—底齿;4—锉刀尾;

5—铁箍;6—锉刀柄;7—锉刀舌;8—面齿

2.锉刀的种类

按用途来分,锉刀可分为普通锉、整形锉(什锦锉)和特种锉三类。

①普通锉:按其截面形状可分为平锉、方锉、圆锉、半圆锉及三角锉五种(图 4-2)。按其长度又可分为 100 mm、150 mm、200 mm、250 mm 等。锉刀的粗细可以用每 10 mm 长的齿面上锉齿齿数来表示,粗锉为 4～12 齿,细锉为 13～24 齿,油光锉为 30～36 齿。或按齿距分为粗齿(齿距为 0.83～2.3 mm)、中齿(齿距为 0.42～0.77 mm)、细齿(齿距为 0.25～0.33 mm)和最细齿等。

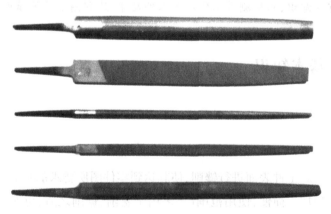

图 4-2　普通锉刀类型

②整形锉(又称组锉或什锦锉):主要用于精细加工及修整工件上难以进行机械加工的细小部位,它由若干把各种截面形状的锉刀组成一套(图 4-3)。

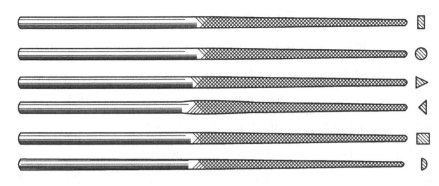

图 4-3 整形锉

③特种锉:是加工零件上特殊表面用的,它有直的、弯曲的两种,其截面形状很多(图 4-4)。

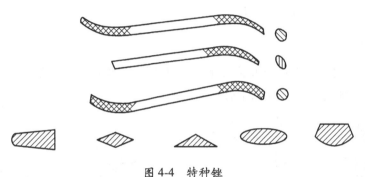

图 4-4 特种锉

3.锉刀的选用

①锉刀断面形状的选择一般取决于工件加工表面的形状。

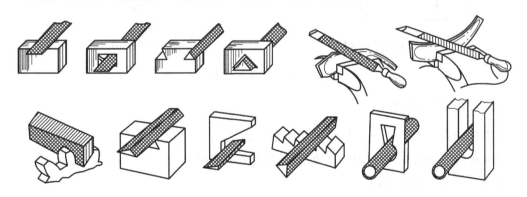

图 4-5 锉刀断面形状的选择

②锉刀锉纹的选择。锉刀锉纹粗细的选择主要取决于加工余量、尺寸精度和表面粗糙度的要求。锉刀的齿纹有单齿纹和双齿纹两种。锉削软金属用单齿纹,此外都用双齿纹。双齿纹又分粗、中、细等各种齿纹。

粗齿锉刀一般用于锉削软金属材料或加工余量大或精度、表面粗糙度要求不高的工件;细齿锉刀则用在不宜用粗齿锉刀的场合。

表4-1　锉刀齿纹粗细规格

锉尺粗细	锉削余量/mm	尺度精度/mm	表面粗糙度值/μm	使用场合
1号（粗齿锉刀）	0.5~1	0.2~0.5	100~25	适用于粗加工,或锉削铝制品
2号（中齿锉刀）	0.2~5	0.05~0.2	25~6.3	
3号（细齿锉刀）	0.1~0.3	0.01~0.05	12.5~3.2	适用于锉钢或铸铁等
4号（双细齿锉刀）	0.1~0.2	0.01~0.02	6.3~1.6	
5号（油光锉刀）	0.1以下	0.01	1.6~0.8	适用于最后修光表面

③锉刀规格的选择。选择锉刀长度取决于工件加工面的大小,工件加工面越大,所选锉刀规格也大,反之可选小规格的锉刀。

4.锉刀柄的拆装

装柄时,左手扶柄、右手将锉舌插入锉刀柄内,用右手将锉刀的下端面垂直地在钳台上轻轻撞紧。拆柄时将柄搁在虎钳口上轻轻撞出来。

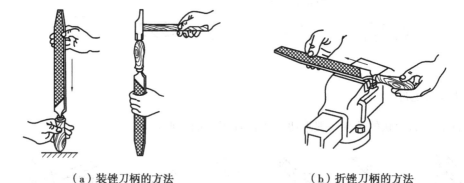

（a）装锉刀柄的方法　　　　　　　　　（b）折锉刀柄的方法

图4-6　锉刀柄的拆装方法

5.锉刀的使用与保养

①新锉刀先使用一面,等用钝后再使用另一面。

②粗锉时,应充分使用锉刀的有效全长,避免局部磨损。

③锉刀上不可沾油和水。

④锉削时,如锉屑嵌入齿缝内必须及时用钢丝刷清除锉齿上的切屑。

⑤不可锉毛坯件的硬皮及经过淬硬的工件,锉削铝、锡等软金属时,应使用单齿纹锉刀。

⑥铸件表面如有硬皮,则应先用旧锉刀或锉刀的有齿侧边锉去硬皮,然后再进行加工。

⑦锉刀使用完毕时必须清刷干净,以免生锈。

⑧不可与其他工具或工件堆放在一起,也不可与其他锉刀互相重叠堆放,以免损坏锉齿。

任务二 锉削方法

一、锉削操作要点

1.锉刀握法

右手握锉刀的基本方法如图 4-7 所示,锉刀柄端抵住拇指根部手掌,大拇指自然伸直放在锉刀柄上方,其余四指由下而上握紧锉刀柄,手腕保持挺直;左手的握法根据锉刀的大小规格不同而不同。

①大锉刀握法。大锉刀指尺寸规格大于 250 mm 的板锉,一般有如图 4-8 所示的三种握法。

②中锉刀握法:左手用大拇指和食指捏住锉刀前端,将锉刀端平,如图 4-9 所示。

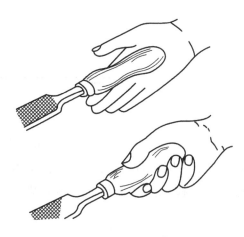

图 4-7 右手握锉刀的基本方法

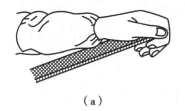 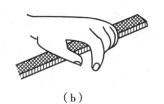 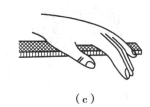

（a） （b） （c）

图 4-8 大锉刀的握法

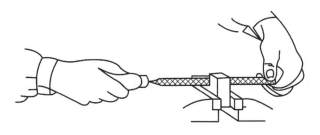

图 4-9 中锉刀握法

③小锉刀握法:左手四指均压在锉刀中部上表面,如图 4-10 所示。

④整形锉握法:食指放在锉身上面,拇指放在锉刀的左侧,如图 4-11 所示。

2.锉削站立位置和姿势

①锉削时,双脚站立位置与锯削相似,站立要自然,要便于用力和适应不同的锉削要求。

②锉削时,身体先于锉刀向前,随之与锉刀一起前行,重心前移至左脚,膝部弯曲,右腿

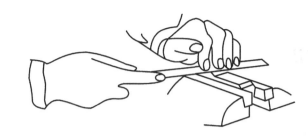

图 4-10　小锉刀握法

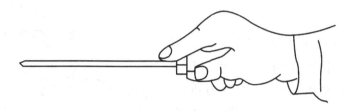

图 4-11　整形挫握法

伸直并前倾,当锉刀行程至 3/4 处时,身体停止前进,两臂继续将锉刀推到锉刀端部,同时将身体重心后移,使身体恢复原位,并顺势将锉刀收回(图 4-12)。

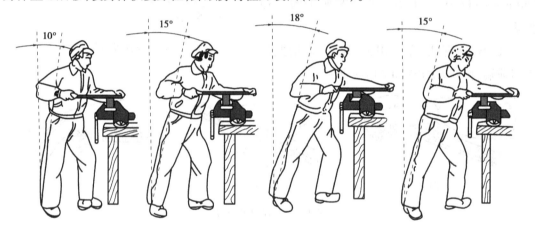

图 4-12　锉削站立位置和姿势

3.锉削力

锉削时,要锉出平直的平面,两手加在锉刀上的力要保证锉刀平衡,使锉刀做水平直线运动。受力情况分解如图 4-13 所示。

4.锉削速度

锉削速度一般控制在 40 次/min 左右,推锉时稍慢,回程时稍快,动作协调自然。

二、工件的装夹

工件的装夹是否正确,直接影响锉削的质量。工件的装夹应该符合下面的要求:

①工件要夹持在台虎钳口的中间,且伸出钳口约 15 mm,以防止锉削时产生振动;

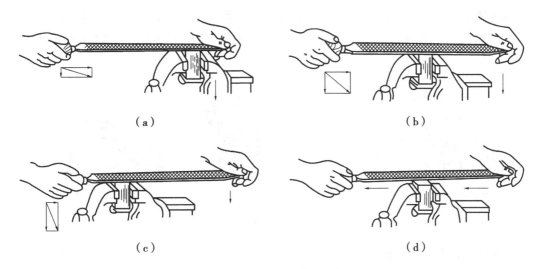

图4-13 锉刀受力情况分解

②夹持要牢靠又不致使工件变形;

③夹持已加工或精度较高的工件时,应在钳口和工件之间垫入钳口铜皮或其他软金属保护衬垫;表面不规则工件,夹持时要加垫块,垫平夹稳;对大而薄的工件,夹持时可用两根长度相适应的角钢夹住工件,将其一起夹持在钳口上。

三、平面的锉削

1.平面的锉削方法

①顺锉法(图4-14)。顺锉法是指锉刀沿着工件夹持方向或垂直于工件夹持方向直线移动进行锉削的方法。

②交叉锉(图4-15)。交叉锉是锉削时锉刀从两个方向交叉对工件表面进行锉削的方法。锉刀的运动方向与工件夹持方向成50°~60°角。

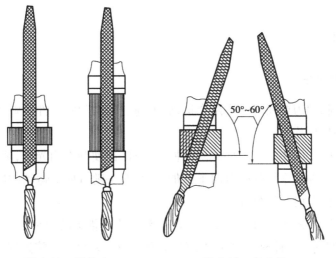

图4-14 顺锉法   图4-15 交叉锉

③推锉法(图4-16)。推锉法是指锉削时用双手横握锉刀两端往复运动进行锉削的方法;在进行窄长平面加工或加工余量较小平面、平面修整、降低表面粗糙度数值的场合,常用推锉法。

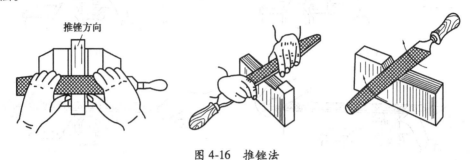

图 4-16 推锉法

2.锉削平面的检验方法(图4-17)

先用交叉锉粗加工,再用顺向锉精加工,锉削时要经常用钢尺或刀口直尺通过透光法检验其平面度。检验时,将钢尺或刀口直尺垂直放在工件表面上,沿纵向、横向和对角方向多处逐一检验。若刀口直尺与工件间平面透光微弱而均匀,则该平面是平直的;反之,该平面是不平直的。

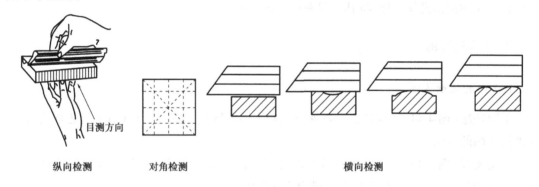

图 4-17 检验平面度误差

四、曲面锉削

1.外曲面锉削方法

锉削外曲面时,锉刀要同时完成两个运动,即前进运动和绕工件圆弧中心的转动,且两个动作要协调,速度要均匀。

①顺向锉削法,如图 4-17(a)所示。这种锉削方法能使圆弧面光滑,适用于圆弧面的精加工。锉削时,右手向前推锉的同时向下施加压力,左手随着向前运动的同时向上提锉刀。锉削前一般先将锉削面锉成多棱形。

②横向锉削法,如图 4-17(b)所示。锉削时,锉刀直线推进的同时做短距离的横向移动,锉刀不随圆弧面摆动。这种锉削方法加工的圆弧面往往呈多棱形,接近圆弧而不光滑,需要用顺向锉削法精锉,常用于大余量的粗加工。

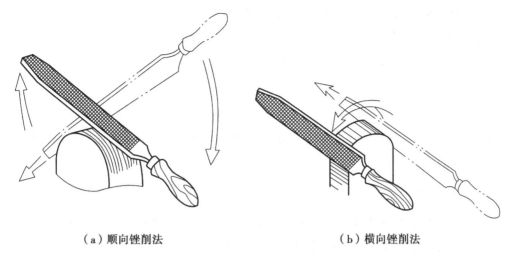

（a）顺向锉削法 　　　　　　　　（b）横向锉削法

图 4-18　外曲面锉削方法

2.内曲面的锉削方法

①复合运动锉削法,如图 4-19(a)所示。锉削时,锉刀同时完成三种运动,一般用于圆弧面的精加工。

②顺向锉削法,如图 4-19(b)所示。锉刀只做直线运动,这种方法锉削的圆弧面呈多棱形,一般适用于粗加工。

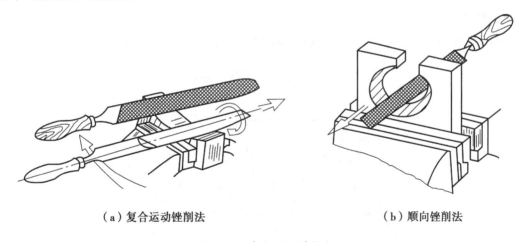

（a）复合运动锉削法 　　　　　　　　（b）顺向锉削法

图 4-19　内曲面锉削方法

五、锉削的安全文明生产

①锉削操作时,锉刀必须装柄使用,以免刺伤手腕,松动的锉刀柄应装紧后再用。由于虎钳钳口经淬火处理过,不要锉到钳口上,以免磨钝锉刀和损坏钳口。

②不要用手去摸锉刀面或工件以防锐棱刺伤等,同时防止手上油污沾上锉刀或工件表面使锉刀打滑,造成事故。

③锉下来的屑末要用毛刷清除,不要用嘴吹,以免屑末进入眼内。

④锉面堵塞后,用钢丝刷顺着锉纹方向刷去屑末。

⑤锉刀放置时,不要伸出工作台之外,以免碰落摔断或砸伤脚背。

⑥锉刀不能作撬棒或敲击工件,防止锉刀折断伤人。

六、锉配

锉配也称为镶嵌,是利用锉削加工的方法使两个或两个以上的零件达到一定配合精度要求的加工方法。

1.锉配工艺制定的原则

此原则应根据零件的经济精度和表面粗糙度来考虑。一般情况下,按照基轴制安排两工件的加工顺序,把"轴类"工件作为锉配基准件首先加工,并分为粗、精加工工序,以保证工件精度;特殊情况可以采用基孔制加工。加工完基准件后再锉配配合件。

2.锉配工艺的拟定

①基准件和非基准件的确定:先基准件后非基准件。

②拟定零件表面的加工顺序和加工方法。

③加工工序的确定:先粗后精,先主后次。

▶技能训练

如图 4-20 所示,该图形为两个单独的燕尾零件配合,其加工方法如下:

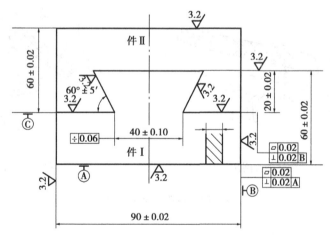

技术要求:1.配合间隙0.06 mm
    2.翻面配合间隙0.06 mm
    3.翻面配合0.06 mm

图 4-20 燕尾零件配合

加工件Ⅰ时,识读燕尾配合图及件Ⅰ零件图,确定加工基准、测量基准。件Ⅰ加工工序如下:

①备料后,外形尺寸及形位公差由铣床、磨床加工到位;

②划线:燕尾部分;

③锯削:废料去除,保证余量 0.5 mm;

④锉削:粗加工燕尾部分,保证余量 0.1~0.2 mm;

⑤锉削:精修燕尾各部分;

⑥去毛刺、倒角。

按照件Ⅰ的加工方法加工件Ⅱ,两者分开加工,互不干涉。

圆柱体锉削:要求正确使用工具、量具;正确放置工具、量具,安全文明生产,穿工作服。

图 4-21　圆柱体锉削

技术要求:

项　目	项目要求	单次配分	实际得分
1.握锉姿势	正确	10	
2.站立姿势	正确	10	
3.锉削速度	40 次/min	20	
4.尺寸 120 mm	误差 0.3	15	
5.平行度	0.4	10	
6.垂直度	0.4(2 处)	10	
7.表面粗糙度		10	
8.锉纹		5	
9.安全文明生产		违反扣分 1~20	
10.其他			
合计			

▶课后作业

1.锉刀的构造和种类有哪些?

2.怎样选用锉刀?

3.锉削的安全文明生产有哪些?

项目五　钻　削

▶**项目概述**

　　掌握钻孔工艺并能分析钻孔时废品产生的原因及预防方法；了解扩孔钻、锪钻和铰刀的种类、结构及切削特点；掌握钻孔、扩孔、锪孔和铰孔的操作要点；会制订孔加工的工艺方案。

▶**知识目标**

　　1.了解钻床的种类和基本结构特点。

　　2.会选用及刃磨麻花钻。

　　3.会正确装夹钻削加工工件。

　　4.能分析钻孔时出现的问题。

▶**技能目标**

　　1.会操作不同类型的钻床加工孔。

　　2.能正确确定孔加工的工艺路线。

▶**情感目标**

　　掌握钻削加工的安全文明生产规程。

任务一　钻　孔

　　各种零件的孔加工，除去一部分由车、镗、铣等机床完成外，很大一部分是由钳工利用钻床和钻孔工具(钻头、扩孔钻、铰刀等)完成的。钳工加工孔的方法一般指钻孔、扩孔和铰孔。

　　用钻头在实体材料上加工孔叫钻孔。在钻床上钻孔时，一般情况下，钻头应同时完成两个运动：主运动，即钻头绕轴线的旋转运动(切削运动)；辅助运动，即钻头沿着轴线方向对着工件的直线运动(进给运动)。钻孔时，由于钻头结构上存在的缺点，影响加工质量，加工精度一般在 IT10 级以下，表面粗糙度为 12.5 μm 左右，属粗加工。

一、钻床

1.台式钻床

台式钻床简称台钻,是一种在工作台上使用的小型钻床,其钻孔直径一般在 13 mm
以下。

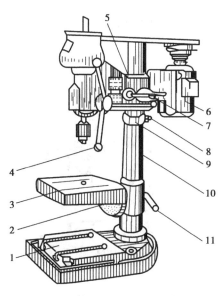

图 5-1 台式钻床

1—底座;2—转盘;3—工作台;4—进给手柄;5—上部机体;
6—电机;7—手柄;8—螺钉;9—保险环;10—立柱;11—手柄

台钻型号示例:Z4012。

主参数:最大钻孔直径。

型号代号:台式钻床。

类别代号:钻床。

由于加工的孔径较小,故台钻的主轴转速一般较高,最高转速可高达 10 000 r/min,最低
亦在 400 r/min 左右。主轴的转速可用改变三角胶带在带轮上的位置来调节。台钻的主轴
进给由转动进给手柄实现。在进行钻孔前,需根据工件高低调整好工作台与主轴架间的距
离,并锁紧固定(结合挂图与实物讲解示范)。台钻小巧灵活,使用方便,结构简单,主要用于
加工小型工件上的各种小孔。它在仪表制造、钳工和装配中用得较多。

2.立式台钻

立式台钻简称立钻。这类钻床的规格用最大钻孔直径表示。与台钻相比,立钻刚性好、
功率大,因而允许钻削较大的孔,生产率较高,加工精度也较高。立钻适用于单件、小批量生
产中加工中小型零件。

3.摇臂钻床

它有一个能绕立柱旋转360°的摇臂,摇臂带着主轴箱可沿立柱垂直移动,同时主轴箱还能在摇臂上作横向移动。因此,操作时能很方便地调整刀具的位置,以对准被加工孔的中心,而不需移动工件来进行加工。摇臂钻床适用于一些笨重的大工件以及多孔工件的加工。

4.手电钻

在其他钻床不方便钻孔时,可用手电钻钻孔。

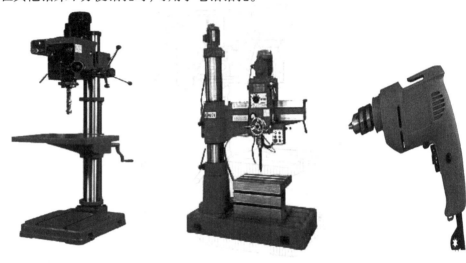

图5-2 不同类型的钻孔设备

二、麻花钻

麻花钻(又称钻头)作为一种重要的孔加工刀具,既可在实心材料上钻孔,也可在原有孔的基础上扩孔。它可用来加工钢材、铸铁,也可以加工铝、铜及其合金,甚至还可加工有机材料和木材等非金属材料。因此,从18世纪至今,麻花钻一直得以广泛应用。麻花钻常用高速钢制造,工作部分经热处理淬硬至62~65HRC。一般钻头有直柄和锥柄两种。它由柄部、颈部及工作部分组成,如图5-3所示。

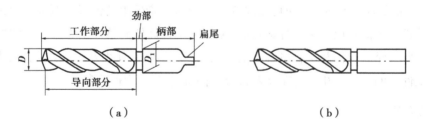

（a） （b）

图5-3 麻花钻(钻头)结构

1.柄部

柄部是钻头的夹持部分,起传递动力的作用。柄部有直柄和锥柄两种,直柄传递扭矩较小,一般用在直径小于 12 mm 的钻头;锥柄可传递较大扭矩(主要是靠柄的扁尾部分),用在直径大于 12 mm 的钻头。

2.颈部

颈部是砂轮磨削钻头时退刀用的,钻头的直径大小等一般也刻在颈部。

3.工作部分

工作部分包括导向部分和切削部分。导向部分有两条狭长、螺纹形状的刃带(棱边亦即副切削刃)和螺旋槽。棱边的作用是引导钻头和修光孔壁;两条对称螺旋槽的作用是排除切屑和输送切削液(冷却液)。切削部分结构如图 5-4 所示,它有两条主切屑刃、两个副切削刃、一个横刃;两个前刀面、两个主后刀面、两个副后刀面(又分第一副后刀面和第二副后刀面)。两条主切屑刃之间通常称为顶角(118°±2°)。横刃的存在使锉削时轴向力增加。

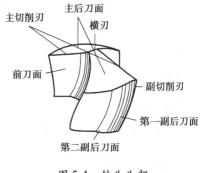

图 5-4 钻头头部

三、钻孔方法

①钻孔前一般先划线,确定孔的中心,在孔中心先用冲头打出较大中心眼。

②钻孔时应先钻一个浅坑,以判断是否对中。

③在钻削过程中,特别是钻深孔时,要经常退出钻头以排出切屑和进行冷却,否则可能使切屑堵塞或钻头过热磨损甚至折断,并影响加工质量。

④钻通孔时,当孔将被钻透时,进刀量要减小,避免钻头钻穿时的瞬间抖动,出现"啃刀"现象,影响加工质量,损伤钻头,甚至发生事故。

⑤钻削直径大于 30 mm 的孔应分两次钻。第一次先钻第一个直径较小的孔(加工孔径的 0.5~0.7 倍);第二次用钻头将孔扩大到所要求的直径。

⑥钻削时的冷却润滑:钻削钢件时常用机油或乳化液;钻削铝件时常用乳化液或煤油;钻削铸铁时则用煤油。

四、钻孔的安全文明生产

机器零件上一般常有许多大小不等的圆孔,所以,孔加工的任务是比较繁重的。钻孔工作时,由于钻床的主轴、套筒、钻卡头及钻头都在同时高速旋转,又兼有切屑的快速卷出,工件装卡不牢、钻头折断等情况也常发生伤害,为确保安全生产,在钻孔加工时,操作上应注意下列事项:

①钻孔前应对钻床、工具、卡具进行检查,合格后方可使用。

②装卡工件时,必须牢固、稳定。钻头的套筒、钻夹头不准有飞边、毛刺,以防止划伤手指手掌;钻头装卡要牢固,轴线一致。

③工作中严禁戴手套和用棉丝擦拭钻头和铁屑。

④适当选用转速及进给量。手动进给时,要逐渐增压和减压,避免用力过猛折断钻头。

⑤要不断清除切屑,缠有长切屑时,要用铁钩除掉,不准用手拉,以防割伤手指。

⑥钻头未停转前,不准调换钻、卡头或拆装工件。

⑦使用摇臂钻床时,在横臂回转范围内不准站人,不准堆放障碍物。钻孔前横臂必须紧固。

⑧钻薄铁板时,下面要垫平整的木板,较小的薄板必须用克丝钳卡牢,快要钻透时要慢进,防止划伤手臂。

⑨钻深孔时要经常抬起钻头排屑,以防钻头被切屑挤死而折断。

⑩工作结束时,应将横臂降到最低位置,主轴箱靠近立柱。

五、麻花钻刃磨

麻花钻的刃磨是指在普通刃磨的基础上,根据具体加工要求对其参数不够合理的部分进行的补充刃磨。

标准麻花钻本身存在一些缺陷:

①主切削刃上各点前角相差较大($-30° \sim 30°$),切削能力悬殊;

②横刃前角小(负值)而长,钻削轴向力大,定心差;主切削刃长,切削宽度大,切屑卷曲困难,不易排屑;

③主切削刃与副切削刃转角处(即刀尖)切削速度最高,但该处后角为零,故刀尖磨损最快等。

这些缺陷的存在,严重地制约了标准麻花钻的切削能力,影响了加工质量和切削效率。因此,必须对标准麻花钻进行修磨。常见的修磨有以下几种:

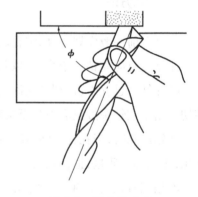

图 5-5 钻头的刃磨

1.修磨出过渡刃(即双重刃)

在钻头的转角处磨出过渡刃(其锋角值 $2\phi 1 = 70° \sim 75°$),从而使钻头具有了双重刃。由于锋角减小,相当于主偏角减小,同时转角处的刀尖角增大,改善了散热条件。

2.修磨横刃

将原来的横刃长度修磨短,同时修磨出前角,从而有利于钻头的定心和轴向力减小。

3.修磨分屑槽

在原来的主切削刃上交错地磨出分屑槽,使切屑分割成窄条,便于排屑,主要用于塑性材料的钻削。

4.修磨棱边

在加工软材料时,为了减小棱边(其后角等于零)与加工孔壁的摩擦,对于直径大于12 mm以上的钻头,可对棱边进行修磨,这样可使钻头的耐用度提高一倍以上。

任务二 铰 孔

铰孔是用铰刀从工件壁上切除微量金属层,以提高孔的尺寸精度和表面质量的加工方法。铰孔是一种操作方便、生产率高、能够获得高质量孔的切削方式,故在生产中应用极为广泛,是应用较普遍的孔的精加工方法之一,其加工精度可达 IT6~IT7 级,表面粗糙度可达 0.4~0.8 μm。

一、铰刀的种类及结构特点

铰刀是对预制孔进行半精加工或精加工的多刃刀具,有 6~12 个切削刃和较小顶角。铰孔时导向性好。铰刀刀齿的齿槽很宽,铰刀的横截面大,因此刚性好。铰孔时因为余量很小,每个切削刃上的负荷小于扩孔钻,且切削刃的前角 $\gamma_0 = 0°$,所以铰削过程实际上是修刮过程。特别是手工铰孔时,切削速度很低,不会受到切削热和振动的影响,因此质量较高。

铰刀按使用方法分为手用铰刀和机用铰刀两种,按铰刀结构分为整体式(锥柄和直柄)和套装式(活络铰刀)。图 5-6(a)所示的手用铰刀工作部分较长,齿数较多;手用铰刀的顶角较机用铰刀小,其柄为直柄(机用铰刀为锥柄)。机用铰刀工作部分较短。

铰刀由工作部分、颈部及柄部组成。工作部分又分为切削部分与校准(修光)部分。

选用铰刀时,要根据生产条件及加工要求而定。单件或小批量生产时,选用手用铰刀;大量生产时,采用机用铰刀。

铰刀的精度等级分为 H7、H8、H9 三级,其公差由铰刀专用公差确定,分别适于铰削 H7、H8、H9 公差等级的孔。上述多数铰刀,每一类又可分为 A、B 两种类型,A 型为直槽铰刀,B型为螺旋槽铰刀。螺旋槽铰刀切削过程稳定,故适于加工断续表面。

二、铰削余量

铰削余量过小,铰削过程中会打滑,孔径扩大,铰刀刃易钝。铰削余量过大,会使铰削力过大,影响加工质量。正确的铰削余量参考表 5-1。

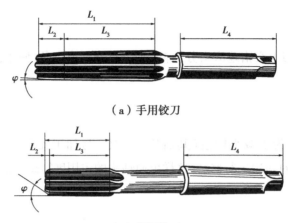

（a）手用铰刀

（b）机用铰刀

图 5-6　铰刀的种类

L_1—工作部分；L_2—切削部分；L_3—修光部分；L_4—柄部

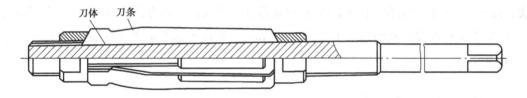

（a）套装式铰刀（活络铰刀）

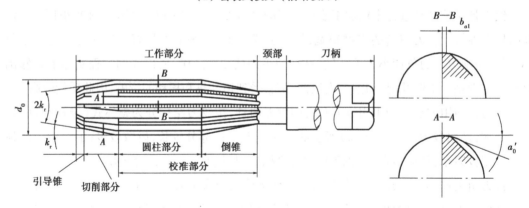

（b）整体式铰刀

图 5-7　铰刀的结构

表 5-1　铰削余量

铰刀直径/mm	<8	8~20	21~32	33~50	51~70
铰削余量/mm	0.1	0.15~0.25	0.25~0.3	0.35~0.5	0.5~0.8

三、铰孔时切削液的选用

为了及时清除切屑和降低切削温度,必须合理使用切削液。切削液的选择见表 5-2。

表 5-2 切削液选择

工件材料	切削液
钢材	1.10%~20%乳化液 2.铰孔精度要求较高时,采用 30%菜油加 70%乳化液 3.高精度铰孔时,用菜油、柴油、猪油
铸铁	1.可以不用 2.煤油,但会引起孔径缩小,最大收缩量可达 0.02~0.04 mm 3.低浓度乳化液
铜	1.2 号锭子油 2.菜油
铝	1.2 号锭子油 2.2 号锭子油与蓖麻油的混合油 3.煤油与菜油的混合油

四、铰孔方法

①铰孔余量对铰孔质量的影响很大、余量太大,铰刀的负荷大,切削刃很快被磨钝,不易获得光洁的加工表面,尺寸公差也不易保证;余量太小,不能去掉上一工序留下的刀痕,自然也就没有改善孔加工质量的作用。一般粗铰余量取 0.35~0.15 mm,精铰余量取 0.15~0.05 mm。

②铰孔通常采用较低的切削速度以避免产生积屑瘤。进给量的取值与被加工孔径有关,孔径越大,进给量取值越大。

③与磨孔和镗孔相比,铰孔生产率高,容易保证孔的精度;但铰孔不能校正孔轴线的位置误差,孔的位置精度应由前一工序保证。铰孔不宜加工阶梯孔和盲孔。

④铰孔时铰刀不能倒转,否则会卡在孔壁和切削刃之间,而使孔壁划伤或切削刃崩裂。

⑤铰孔时常用适当的冷却液来降低刀具和工件的温度;防止产生切屑瘤,并减少切屑细末粘附在铰刀和孔壁上,从而提高孔的质量。

⑥对于中等尺寸、精度要求较高的孔(例如 IT7 级精度孔),钻→扩→铰工艺是生产中常用的典型加工方案。

五、铰孔质量分析

表 5-3　铰孔缺陷形式与产生原因分析

缺陷形式	产生原因
加工表面粗糙度超差	1.铰孔余量留得不当 2.铰刀刃口有缺陷 3.切削液选择不当 4.切削速度过高 5.铰孔完成后反转退刀
孔壁表面有明显棱面	1.铰孔余量留得过大 2.底孔不圆
孔径缩小	1.铰刀磨损,直径变小 2.铰铸铁时未考虑尺寸收缩量 3.铰刀已钝
孔径扩大	1.铰刀规格选择不当 2.切削液选择不当或量不足 3.手铰时两手用力不均 4.铰削速度过高 5.机铰时主轴偏摆过大或铰刀中心与钻孔中心不同轴 6.铰锥孔时,铰孔过深

任务三　锪孔、扩孔

一、锪孔的概念

在已加工出的孔上加工各种形式的沉头孔,称为锪孔。

二、锪孔钻的种类及结构特点

锪钻是对工件上已有孔进行加工的一种刀具,它可刮平端面或切出锥形、圆柱形凹坑。它常用于加工各种沉头孔、孔端锥面、凸凹面等。

在已加工出的孔上加工圆柱形沉头孔(图 5-8(a))、锥形沉头孔(图 5-8(b))和端面凸台(图 5-8(c))时,都使用锪钻。如图 5-8(a)所示的锪钻为平底锪钻,其圆周和端面上各有 3~4 个刀齿。在已加工好的孔内插入导柱,其作用为控制被锪孔与原有孔的同轴度误差。导柱一般做成可拆式,以便于锪钻端面齿的制造与刃磨。锪钻有锥形、柱形、端面等,锥面锪钻的钻尖角有 60°、90° 和 120° 三种。

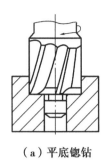 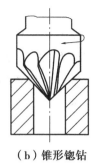 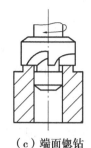

（a）平底锪钻　　　　　（b）锥形锪钻　　　　　（c）端面锪钻

图 5-8　锪孔钻

　　带导柱平底锪钻，适于加工六角头螺栓、带垫圈的六角螺母、圆柱头螺钉的沉头孔。这种锪钻在端面和圆周上都有刀齿，并且有一个导向柱，以保证沉头座和孔保持同轴。锥面锪钻，适于加工锥角为 60°、90°、120° 的沉头螺钉的沉头座。端面锪钻，只有端面上有切削齿，以刀杆来导向，保证加工平面与孔垂直。

　　标准锪钻可查阅 GB/T 4258—4266—2004。单件或小批生产时，常把麻花钻修磨成锪钻使用。

三、扩孔

　　扩孔是用扩孔钻对工件上已有的孔进行扩大的操作，如图 5-9 所示。扩孔后，孔的尺寸精度可达到 IT9～IT10，表面粗糙度可达到 12.5～3.2 μm；扩孔可以作为孔的半精加工和铰孔前的预加工。

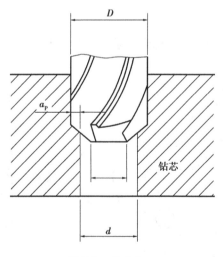

图 5-9　扩孔加工

四、扩孔特点和操作注意事项

①背吃刀量较钻孔时大大减小，切削阻力小。

②避免了麻花钻横刃所引起的一些不良影响。

③产生的切屑体积小,排屑容易。

④用麻花钻扩孔,扩孔前的钻孔直径为 0.5~0.7 倍要求孔径。

⑤用扩孔钻扩孔,扩孔前的钻孔直径为 0.9 倍要求孔径。

⑥钻孔后,在不改变钻头与机床主轴相互位置的情况下,应立即换上扩孔钻进行扩孔,使钻头与扩孔钻的中心重合,保证加工质量。

五、扩孔钻的结构特点

①因中心不切削,扩孔钻无横刃,切削刃只做成靠外缘的一段。

②因扩孔产生的切屑体积小,不需要容屑槽很大,故而扩孔钻钻心较粗,提高了刚度,使切削平稳。

③扩孔钻有较多的刀齿,增强了导向作用,一般整体式扩孔钻有 3~4 个刀齿。

④因背吃刀量大大减少,切削角度可取较大数值,使切削省力。切屑容易排出,不易擦伤已加工孔壁表面。

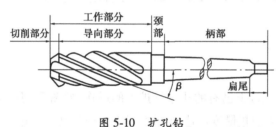

图 5-10　扩孔钻

▶技能训练

根据工件图纸尺寸,加工该零件,达到要求的尺寸精度。

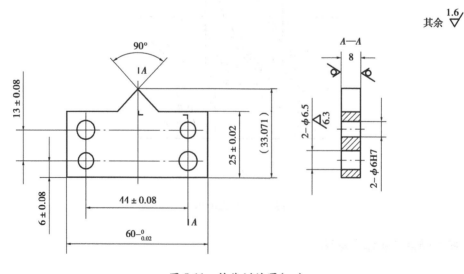

图 5-11　技能训练图(一)

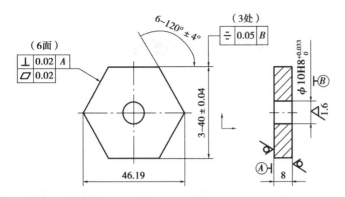

锉面 $\overset{3.2}{\triangledown}$

技术要求

1.锐边倒钝 $R0.2$;
2.孔口倒角 $0.5 \times 45°$;
3.不得用油石、纱布等工具
  对加工面进行抛光。

图 5-12 技能训练图(二)

▶课后作业

1.简述钻孔方法。

2.铰孔时,孔口扩大原因是什么?

3.简述锪孔钻的种类及结构特点。

项目六　攻螺纹和套螺纹

▶项目概述

　　学习螺纹的基本要素、代号和标记方法;了解螺纹加工方法,明确丝锥和板牙的构造,以及切削部分的几何参数;掌握攻、套螺纹的工作要点和工艺计算,能分析攻、套螺纹时产生废品的形式和原因;了解丝锥、板牙损坏的形式和原因。

▶知识目标

　　1.了解螺纹的基本要素、代号和标记方法。

　　2.掌握螺纹加工方法,明确丝锥和板牙的构造。

　　3.能分析攻、套螺纹时产生废品的形式和原因。

　　4.能分析丝锥、板牙损坏的形式和原因。

▶技能目标

　　1.会计算攻螺纹前底孔直径、套螺纹前圆杆直径。

　　2.能加工出合格质量的螺纹并能处理实训中出现的问题。

▶情感目标

　　团结协作、服从管理,具有遵守企业及行业规定的意识。

任务一　螺纹基础知识

一、螺纹的形成和螺纹种类

　　在圆柱或圆锥表面上,沿着螺旋线所形成的具有规定牙型的连续凸起称为螺纹。在圆柱或圆锥外表面上所形成的螺纹称为外螺纹;在圆柱或圆锥内表面上所形成的螺纹称为内螺纹。

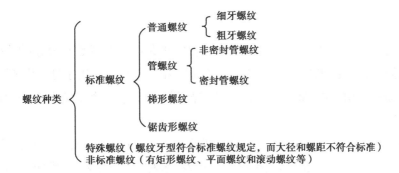

二、螺纹的基本要素

1.螺纹要素

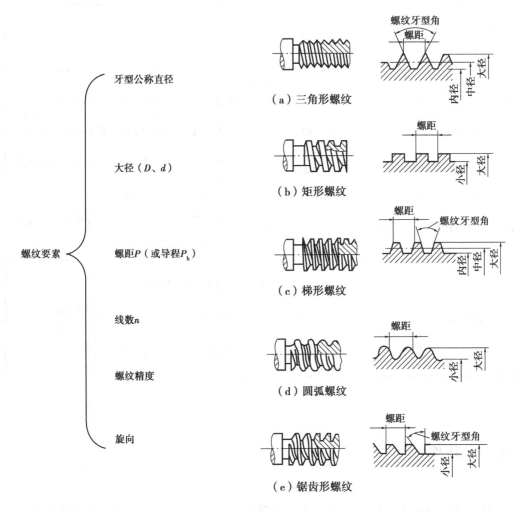

图 6-1 各种螺纹的牙型

2.螺纹代号

标准螺纹代号的表示顺序是：牙型　公称直径×螺距(导程/线数)—精度等级—旋向。

①普通螺纹代号按 GB/T 193—2003 规定如下：粗牙普通螺纹用字母"M"及"公称直径"表示；细牙普通螺纹用字母"M"及"公称直径×螺距"表示。当螺纹为左旋时，在螺纹代号之后加写"LH"。

②梯形螺纹代号按 GB/T 5796—2005 标准规定如下：梯形螺纹用"Tr"表示，单线螺纹用"Tr"及"公称直径×螺距"表示；多线螺纹用"Tr"及"公称直径×导程(P 螺距)"表示；当螺纹为左旋时，在代号之后加注"LH"。

3.螺纹标记

表 6-1　标准螺纹的表示方法

螺纹类型	牙型代号 （螺纹特性代号）	螺纹代号	代号说明
粗牙普通螺纹	M	M10	粗牙普通螺纹，大径 10 mm，不注螺距
细牙普通螺纹	M	M16×1	细牙普通螺纹，大径 16 mm，螺距 1 mm
锯齿形螺纹	B	B80×10LH	锯齿形螺纹，大径 80 mm，螺距 10 mm，左旋
梯形螺纹	Tr	Tr40×14(P7)	梯形螺纹，大径 40 mm，导程 14 mm，螺距 7 mm
55°非密封管螺纹	(G)	G1$\frac{1}{2}$A	圆柱管螺纹，标称直径 1$\frac{1}{2}$″，外螺纹公差等级分 A 级和 B 级
55°密封管螺纹	(R) (Rc) (Rp)	R1$\frac{1}{2}$-LH Rc1$\frac{1}{2}$ Rp1$\frac{1}{2}$	圆锥外螺纹，标称直径 1$\frac{1}{2}$″ 圆锥内螺纹，标称直径 1$\frac{1}{2}$″ ⎫内外螺纹只 圆柱内螺纹，标称直径 1$\frac{1}{2}$″ ⎭有一种公差带

任务二　攻螺纹

用丝锥加工内螺纹的方法叫攻丝(又叫攻螺纹)。它是应用最广泛的一种内螺纹加工方法，对于小尺寸的内螺纹，攻螺纹几乎是唯一的加工方法。

一、攻螺纹工具

1.丝锥

(1)丝锥的种类

根据使用方法,丝锥可分为手用丝锥和机用丝锥;根据螺纹的旋向,可分为右旋丝锥和左旋丝锥;按普通螺纹螺矩,可分为普通粗牙丝锥、普通细牙丝锥。

(2)丝锥的构造

丝锥由工作部分和柄部构成,如图6-2所示。柄部装入铰杠传递扭矩,便于攻丝。工作部分由切削、校准两部分组成。一般手用丝锥 $\alpha_0 = 6° \sim 8°$,机用丝锥 $\alpha_0 = 10° \sim 12°$,齿侧后角为 $0°$。

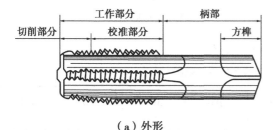 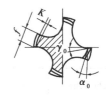

（a）外形　　　　　　　　　　（b）切削部分和校准部分的角度

图6-2　丝锥的构造

①工作部分的几何参数:准丝锥切削部分的前角一般为 $8° \sim 10°$。

②容屑槽:M8以下的丝锥一般有三条容屑槽,M8—M12的丝锥有三条,也有四条容屑槽;M12以上的丝锥有四条容屑槽,直径在M40以上的丝锥有五条容屑槽。

③成套丝锥切削量的分配:在成套丝锥中,对每支丝锥的切削量分配有两种方式,即锥形分配和柱形分配,如图6-3所示。

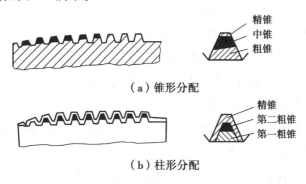

（a）锥形分配

（b）柱形分配

图6-3　丝锥切削量分配

2.铰杠

铰杠是用来夹持丝锥柄部的方榫并带动丝锥旋转而切削的工具。

铰杠又分固定铰杠和活络铰杠两种。

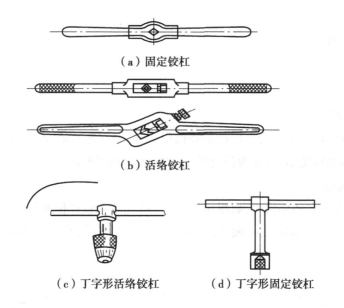

（a）固定铰杠

（b）活络铰杠

（c）丁字形活络铰杠　　　（d）丁字形固定铰杠

图 6-4　铰杠

表 6-2　活络铰杠适用范围

活络铰杠规格	150	230	280	380	580	600
适用丝锥范围	M5—M8	M8—M12	M12—M14	M14—M16	M16—M22	M24 以上

二、攻螺纹前底孔直径与孔深的确定

攻螺纹时，丝锥的每个切削刃，除起切削作用外，还对材料有较强的挤压作用。因此螺纹的牙型在顶端被挤出凸起一些，如图 6-5 所示。材料塑性愈好，则挤出愈多，此时，如果螺纹牙顶与丝锥牙底之间没有足够的容屑空间，

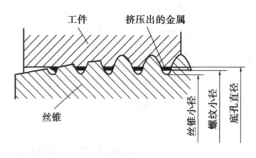

图 6-5　攻螺纹时的挤压现象

丝锥就会被挤压出来的材料箍住，易造成崩刃、折断和使攻出的螺纹烂牙，所以攻螺纹前的底孔直径（即钻孔直径）必须稍大于螺纹小径。

加工普通螺纹底孔的直径，用下列两种计算公式来求：对钢和塑性较大材料，扩张量中等的条件下，钻头直径为：$d_0 = D - P$。

对铸铁和其他塑性较小材料，扩张量较小的条件下，钻头直径为：

$$d_0 = D - (1.05 - 1.1)P$$

式中　D——内螺纹大径，mm；

　　　P——螺距，mm。

攻不通螺纹孔时，由于丝锥切削部分不能切出完整的螺纹牙型，所以钻孔深度要大于所需的螺纹有效长度。钻孔深度＝所需螺纹深度＋0.7D（mm），其中 D 为螺纹大径。

三、攻螺纹的方法

①底孔直径和深度尺寸确定后,即钻孔、孔口倒角,若是通孔,则孔的两端孔口都要倒角。这样可使丝锥容易切入,并可防止孔口毛刺和螺纹崩牙。

②工件装夹要正确,尽量使螺孔轴线处于垂直位置,使攻螺纹时容易判断丝锥轴线是否垂直于工件的平面。

③攻螺纹时,每正转 1/2~1 圈,应倒转 1/4~1/2 圈,以利断屑、排屑。

④小于 M12 的丝锥一般是等径丝锥,攻 M12 以下的螺纹通孔,只需使用头锥一攻到底,把丝锥从孔底取出,螺孔即攻成。

⑤攻塑性材料上的螺纹孔时,要加切削液,以增加润滑,减少切削阻力和提高螺纹的表面质量。

⑥机攻螺纹时,要保持丝锥与螺孔的同轴度要求。

四、攻螺纹时注意事项

①当丝锥即将攻完螺纹时,进刀要轻、要慢,以防止丝锥前端与工件的螺纹底孔深度产生干涉撞击,损坏丝锥。

②当攻不通的螺纹孔或螺纹孔的深度较深时,应采用攻螺纹安全夹头。安全夹头能承受的攻螺纹切削力,必须按照丝锥的大小来进行调节,攻螺纹切削力应调整合适,以免断锥或攻不进去。

③在丝锥切削部分长度的攻削行程内,应在钻床进刀手柄上旋加均匀合适的压力,以协助丝锥进入底孔内,这样可避免将螺纹刮烂。当校准部分进入工件时,可靠螺纹自然地旋进进行攻螺纹,以免将牙型切瘦。

④攻通孔螺纹时,应注意丝锥的校准部分不能全露出头,否则在反转退出丝锥时,将会产生乱扣现象。

五、攻丝时丝锥损坏的形式和原因

表 6-3　攻丝时丝锥损坏的形式和原因

损坏形式	损坏原因	损坏形式	损坏原因
丝锥崩牙或折断	1.工件材料中夹有硬物等杂质 2.断屑排屑不良,产生切屑堵塞现象 3.丝锥位置不正,单边受力太大或强行纠正 4.两手用力不均	丝锥崩牙或折断	5.丝锥磨钝,切削阻力太大 6.底孔直径太小 7.攻不通孔螺纹时丝锥已到底仍继续扳转 8.攻螺纹时用力过猛

六、从螺孔中取出断丝锥的方法

①用样冲或狭錾。

②在带方榫的断丝锥上,拼紧两个螺母。

③条件允许时,在断丝锥上焊上一个六角螺钉。

④用乙炔火焰对断丝锥加热,使之退火。

⑤用电火花加工机床,将断丝锥电蚀掉。

任务三 套螺纹

用板牙在圆柱或圆锥表面上加工出外螺纹的操作称为套螺纹。

一、套螺纹工具

板牙是加工外螺纹的标准工具,有固定式、可调式两种。图 6-6(a)为常用的固定式圆板牙。圆板牙螺孔的两端各有一段 40°的锥度,是板牙的切削部分。图 6-6(b)为套扣用的板牙架,是用来夹持圆板牙并带动其旋转的工具。

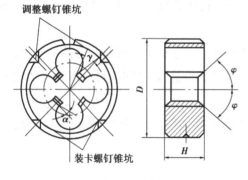
（a）外形和角度

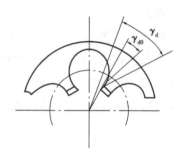
（b）圆板牙前角变化

图 6-6 圆板牙

二、确定套螺纹前圆杆直径

用板牙在钢料圆杆上套螺纹时,材料因受牙型侧面的挤压而产生变形,工件的牙顶将被挤得高一些,所以套螺纹前圆杆直径应稍小于螺纹大径。圆杆直径的计算公式为:

$$圆杆直径 d_0 = 螺纹大径 d - 0.13 × 螺距 P$$

$$d_0 = d - 0.13P$$

式中　d——螺纹大径,mm;

　　　P——螺距,mm。

三、套螺纹方法

①按规定确定圆杆直径,同时将圆杆端头倒角至 15°~20°

②套螺纹时,切削力矩很大,圆杆要用硬木做成的 V 形块或厚铜板衬垫,才能可靠地夹紧。

③套螺纹时,应保持板牙端面与圆杆轴线垂直,避免切出的螺纹牙型一面深、一面浅。

④套螺纹开始时,为了使板牙切入材料,要在两手转动板牙的同时施加轴向压力,转动要慢,压力要大。

⑤为了清理断屑,板牙也要时常倒转一下。排屑孔中的切屑较多时,也要及时清理。

⑥为了提高螺纹表面质量和延长板牙使用寿命,套螺纹时要使用切削液。主要目的是润滑,一般用浓度较高的乳化液、机油或二硫化钼等。

▶技能训练

1.攻螺纹钻削底孔时,要对孔口进行倒角,其倒角尺寸一般为(1-1.5)螺距 P×45°。若是通孔,两端均要倒角。倒角有利于丝锥开始切削时切入,且可避免孔口螺纹牙齿崩裂。攻钢件螺纹时,可加机油润滑;攻铸铁螺纹时,可加煤油润滑。

2.套螺纹前圆杆端部必须倒角,开始可用手掌按住板牙中心,适当施加压力并转动牙架。转动要慢,套扣时可加机油润滑。

根据以上实训内容,完成填写评分表。

项　目	要　　求	配　分	得　　分
1.操作步骤正确	正确	20	
2.牙型全	无缺齿	15	
3.垂直度	无明显歪斜	15	
4.倒角	45°孔/15°杆	10	
5.无毛刺毛边	干净整齐	10	
6.润滑正确	使用润滑液正确	10	
7.表面粗糙度	<6.3	10	
8.拧入松紧适度	松紧适度	10	
9.安全文明生产	违反扣分		
10.其他			
合计			总分:

3.在中碳钢和铸铁工件上,分别攻制 M14 的螺纹,求各自钻底孔的钻头直径?

解:中碳钢属塑性较大的材料,M14 螺纹的螺距 $P = 2$ mm,钻头直径为

$$d_0 = D - P = 14 - 2 = 12 \text{ mm}$$

铸铁属脆性材料,钻头直径为

$$d_0 = D - 1.1P = 14 - 1.1 \times 2 = 11.8 \text{ mm}$$

▶**课后作业**

1.分别在钢件和铸铁件上攻制 M12 的内螺纹,若螺纹的有效长度为 40 mm,试求攻螺纹前钻底孔钻头的直径及钻孔的深度。

2.试述圆板牙各组成部分的名称、结构特点和作用。

3.在机床修理中螺杆断入机体内部,如何取出来?

项目七　技能综合训练

技能综合训练(一)　直角块

一、教学目的

1.熟练掌握锉削基本技能和钻孔方法。

2.掌握錾削宽槽的方法。

二、工、量、刃具清单

名称	规格/mm	精度/mm	数量	名称	规格/mm	精度/mm	数量
高度游标卡尺	0~300	0.02	1	锯条			自定
游标卡尺	0~150	0.02	1	锤子			1
深度游标卡尺	0~150	0.02	1	样冲			1
外径千分尺	50~75	0.01	1	划针			1
	75~100	0.01	1	钢直尺	150		1
90°角尺	100×63	一级	1	宽、狭錾子			自定
刀口形直尺	100		1	粗扁锉	300		1
塞规	10	H9	1	中扁锉	200,250		各1
手用直铰刀	10	H9	1	细扁锉	200,250		各1
麻花钻	4,9.8 12.5		各1	软钳口			1副
				锉刀刷			1
铰杠			1	毛刷			1
锯弓			1				
备注							

三、坯料图

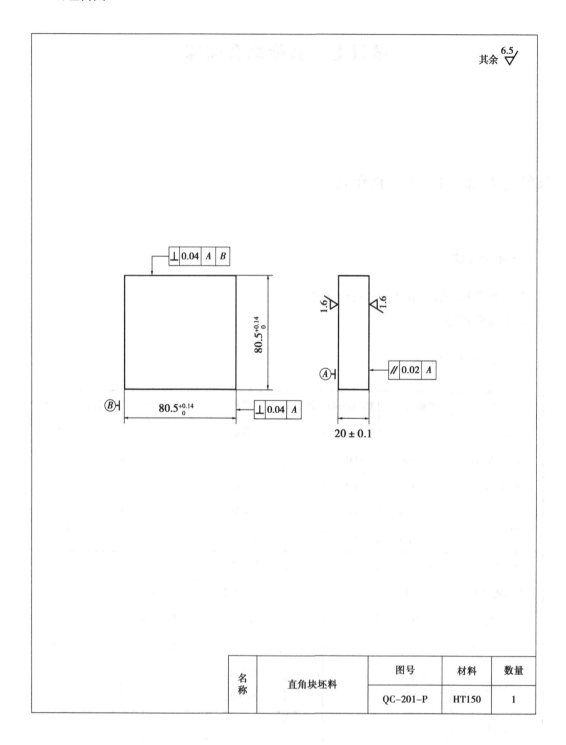

名称	直角块坯料	图号	材料	数量
		QC-201-P	HT150	1

四、试件图

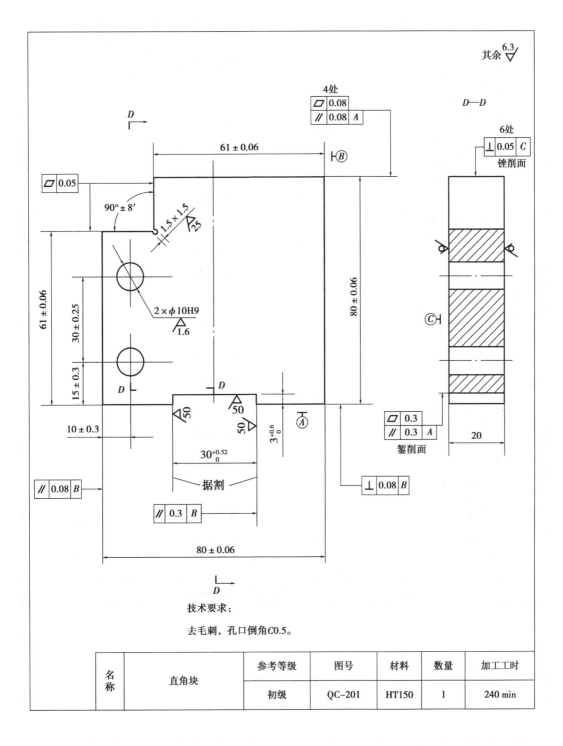

技术要求：

去毛刺，孔口倒角C0.5。

名称	直角块	参考等级	图号	材料	数量	加工工时
		初级	QC-201	HT150	1	240 min

五、检测评分表（图号 QC-201）

项目	序号	考核要求	配分	评分标准	检测结果	得分
锉削	1	80±0.06　　　　　（2处）	8	超差1处扣4分		
	2	61±0.06　　　　　（2处）	10	超差1处扣5分		
	3	90°±8′　　　　　（3处）	4	超差全扣		
	4	⊥ 0.05 C　　　　（6处）	12	超差1处扣2分		
	5	⌷ 0.05　　　　　（2处）	4	超差1处扣2分		
	6	⌷ 0.08　　　　　（4处）	8	超差1处扣2分		
	7	⊥ 0.08 B	4	超差全扣		
	8	∥ 0.08 B	4	超差全扣		
	9	∥ 0.08 A	4	超差全扣		
	10	$Ra \leqslant 6.3\ \mu m$　（6处）	6	超差1处扣1分		
錾削	11	$30_0^{+0.52}$	4	超差全扣		
	12	∥ 0.3 B	3	超差全扣		
	13	$3_0^{+0.6}$	5	超差全扣		
	14	⌷ 0.3	4	超差全扣		
	15	∥ 0.3 A	3	超差全扣		
铰削	16	10H9　　　　　　（2处）	4	超差1处扣2分		
	17	15±0.3	2	超差全扣		
	18	30±0.25	5	超差全扣		
	19	10±0.3	2	超差全扣		
	20	$Ra \leqslant 1.6\ \mu m$　（2处）	4	超差1处扣2分		
其他	21	安全文明生产		违者酌情扣1~10分		
备注						
姓名		工号		日期	教师	总分

六、主要加工步骤

1.检查坯料情况,作必要修整。

2.修整、加工外形尺寸(80±0.06)mm×(80±0.06)mm,保证垂直度和平行度。

3.加工底边宽槽,达到尺寸和形位公差要求后去毛刺。

4.划线、锯割、锉削加工左侧直角,达到尺寸和形位公差要求。

5.划线、钻、铰 10H9 孔。

6.去毛刺,全面复检。

主要加工步骤示意图如下:

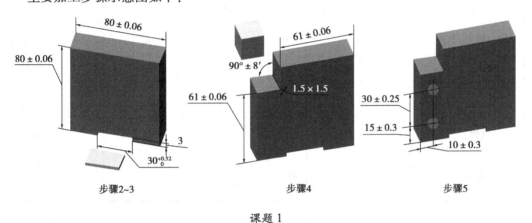

步骤2~3　　　　　　　步骤4　　　　　　　步骤5

课题 1

七、安全及注意事项

1.钻孔时工件一定要夹紧。

2.錾削应注意錾削余量的选择及尽头錾削的方法。

技能综合训练(二)　凸形块

一、教学目的

1.初步掌握凸形对称工件的划线、加工及测量方法。

2.巩固和熟练錾削狭槽、钻孔技能。掌握盲孔攻螺纹方法。

二、工、量、刃具清单

名称	规格/mm	精度/mm	数量	名称	规格/mm	精度/mm	数量
高度游标卡尺	0~300	0.02	1	锯条			自定
游标卡尺	0~150	0.02	1	锤子			1
外径千分尺	0~25	0.01	1	样冲			1
	50~75	0.01	1	划针			1
90°角尺	100×63	一级	1	钢直尺	150		1
刀口形直尺	100		1	狭錾子	$8_0^{+0.1}$		自定
塞规	8	H9	1	粗扁锉	250		1
手用直铰刀	8	H9	1	中扁锉	250,150		各1
丝锥	M8		1副	细扁锉	200,150		各1
麻花钻	4,6.7,7.8,12		各1	软钳口			1副
				锉刀刷			1
铰杠			1	毛刷			1
锯弓			1				
备注							

三、坯料图

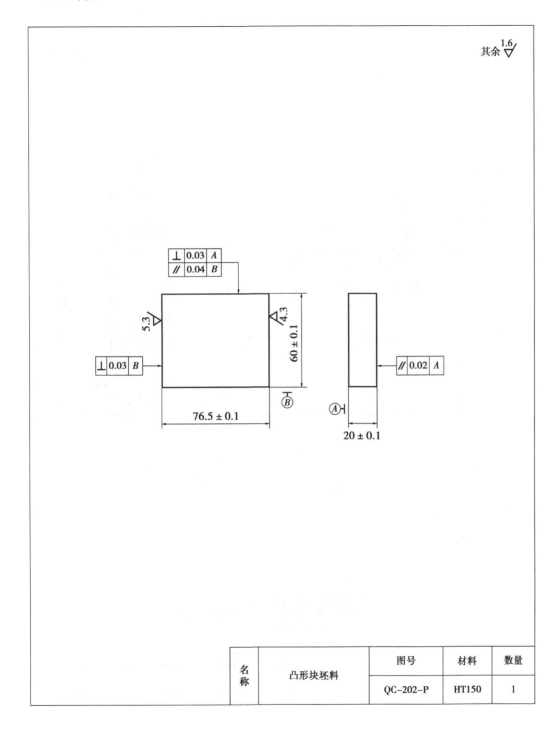

名称	凸形块坯料	图号	材料	数量
		QC-202-P	HT150	1

四、试件图

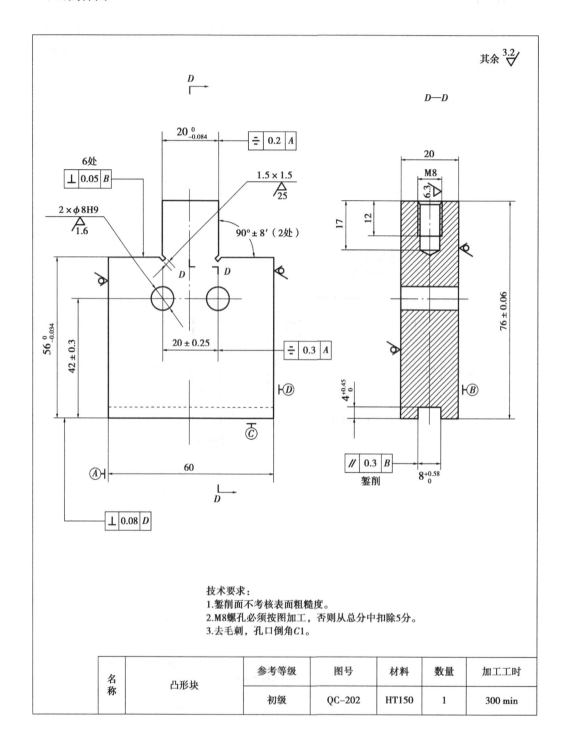

技术要求:
1. 錾削面不考核表面粗糙度。
2. M8螺孔必须按图加工,否则从总分中扣除5分。
3. 去毛刺,孔口倒角C1。

名称	凸形块	参考等级	图号	材料	数量	加工工时
		初级	QC-202	HT150	1	300 min

五、检测评分表（图号 QC-202）

项目	序号	考核要求		配分	评分标准	检测结果	得分
锉削	1	$20^{0}_{-0.064}$		8	超差全扣		
	2	$56^{0}_{-0.074}$	（2处）	14	超差1处扣7分		
	3	76 ± 0.06		4	超差全扣		
	4	$90°\pm8'$	（2处）	8	超差1处扣4分		
	5	⊥ 0.05 B	（6处）	15	超差1处扣2.5分		
	6	⊥ 0.08 D		3	超差全扣		
	7	⩧ 0.2 A		8	超差全扣		
	8	$Ra\leqslant3.2\ \mu m$	（6处）	6	超差1处扣1分		
錾削	9	$8^{+0.56}_{0}$		5	超差全扣		
	10	$4^{+0.48}_{0}$		4	超差全扣		
	11	∥ 0.3 B		4	超差全扣		
铰削	12	8H9	（2处）	4	超差1处扣2分		
	13	20 ± 0.25		7	超差全扣		
	14	⩧ 0.3 A		7	超差全扣		
	15	$Ra\leqslant1.6\ \mu m$	（2处）	3	超差1处扣1.5分		
其他	16	安全文明生产			违者酌情扣1~10分		
备注							
姓名		工号		日期	教师	总分	

六、主要加工步骤

1.检查坯料情况，作必要修整。

2.划线,錾削加工狭槽,达到加工要求后去毛刺。

3.按对称形体划线方法$\left(\text{本处为}\dfrac{1}{2}\times 60 \text{ mm,实际尺寸}\pm\dfrac{1}{2}\times 20\text{mm}\right)$划出凸台中心线和加工线。

4.锯割、锉削加工一侧垂直角,根据 60 mm 处的实际尺寸,控制 40 mm 的尺寸误差值$\left(\text{本处应控制在}\dfrac{1}{2}\times 60 \text{ mm 处的实际尺寸}+10 \text{ mm}\right)^{+0.11}_{-0.15}$范围内。

5.按划线锯去另一侧垂直角,直接测量 20,达到图样要求。

6.加工外形尺寸 76 mm±0.06 mm,达到尺寸公差。

7.划线,钻、铰孔和攻螺纹。

8.去毛刺,全面复检。

主要加工步骤示意图如下:

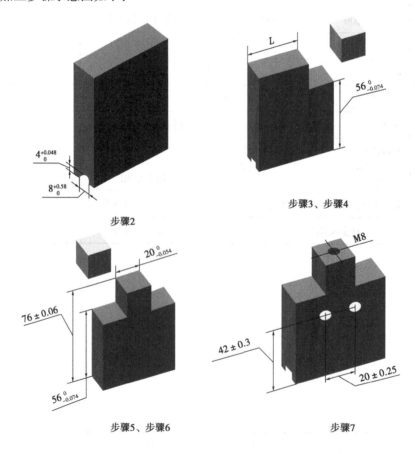

步骤2

步骤3、步骤4

步骤5、步骤6

步骤7

七、安全及注意事项

1. 60 mm 处的实际尺寸必须测量准确,同时要控制好有关的工艺尺寸。

2.攻螺纹时要细心,同时孔口要倒角。

3.严格按工艺加工。

技能综合训练(三) V形块

一、教学目的

1. 掌握 V 形块的加工和测量方法。

2.巩固和提高钻孔技能。

二、工、量、刃具清单

名称	规格/mm	精度/mm	数量	名称	规格/mm	精度/mm	数量
高度游标卡尺	0~300	0.02	1	锯条			自定
游标卡尺	0~150	0.02	1	锤子			1
外径千分尺	50~75	0.01	1	狭錾子	$6_0^{+0.1}$		1
游标万能角度尺	0°~320°	2′	1	样冲			1
90°角尺	100×63	一级	1	划针			1
刀口形直尺	100		1	钢直尺	150		1
测量棒	20×30		1	粗扁锉	250		1
塞规	10	H9	1	中扁锉	200,150		各1
手用直铰刀	10	H9	1	细扁锉	200,150		各1
麻花钻	3,8 9.8,12		各1	软钳口			1副
				锉刀刷			1
铰杠			1	毛刷			1
锯弓			1				
备注							

三、坯料图

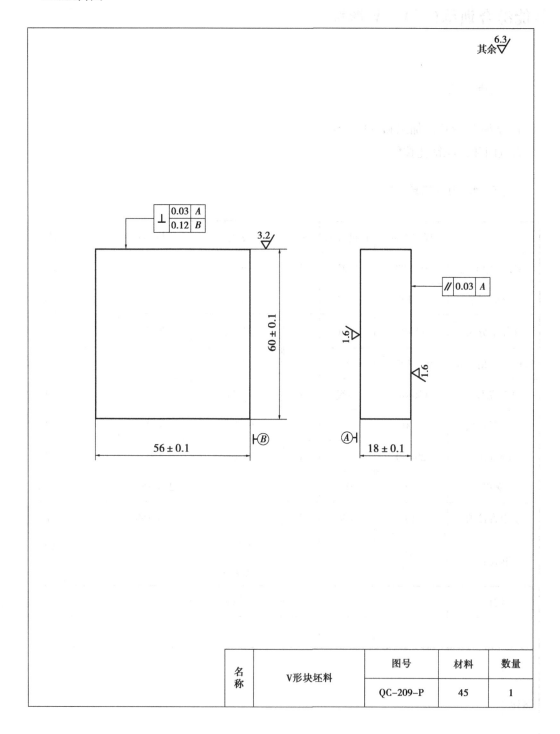

名称	V形块坯料	图号	材料	数量
		QC-209-P	45	1

四、试件图

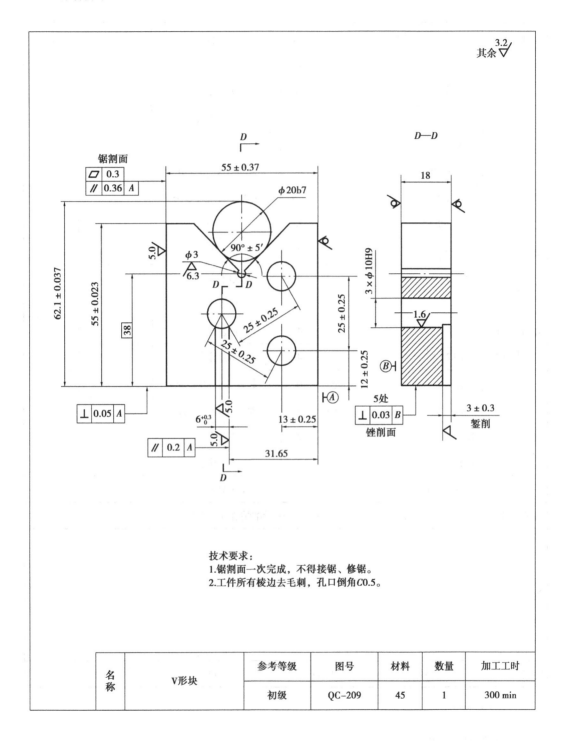

技术要求:
1.锯割面一次完成,不得接锯、修锯。
2.工件所有棱边去毛刺,孔口倒角C0.5。

名称	V形块	参考等级	图号	材料	数量	加工工时
		初级	QC–209	45	1	300 min

五、检测评分表(图号 QC-209)

项目	序号	考核要求	配分	评分标准	检测结果	得分
锉削	1	55 ± 0.023	6	超差全扣		
	2	62.1 ± 0.037	9	超差全扣		
	3	$90°\pm5'$	6	超差全扣		
	4	⊥ 0.05 A	3	超差全扣		
	5	⊥ 0.03 B　　(5处)	10	超差1处扣2分		
	6	$Ra\leqslant3.2\ \mu m$　　(5处)	7.5	超差1处扣1.5分		
锯割	7	55 ± 0.37	6	超差全扣		
	8	▱ 0.3	4	超差全扣		
	9	∥ 0.36 A	4	超差全扣		
錾削	10	$6_{0}^{+0.3}$	5	超差全扣		
	11	3 ± 0.3	4	超差全扣		
	12	∥ 0.2 A	4	超差全扣		
铰削	13	10H9　　(3处)	6	超差1处扣2分		
	14	25 ± 0.25　　(3处)	18	超差1处扣6分		
	15	13 ± 0.25	2	超差全扣		
	16	12 ± 0.25	2	超差全扣		
	17	$Ra\leqslant1.6\ \mu m$　　(3处)	4.5	超差1处扣1.5分		
其他	18	安全文明生产		违者酌情扣1~10分		
备注						
姓名		工号		日期	教师	总分

六、主要加工步骤

1.检查坯料情况,作必要修整。

2.按图划出外形加工线。

3.钻 3 工艺孔和槽连接孔以及二铰削孔 10H9 的底孔。

4.錾削狭槽,达到要求后扩、铰 10H9 孔。

5.加工 V 形,分别测量与两侧成 45°角和 V 形 90°角,达到图样要求后锉削外形尺寸 55 mm±0.023 mm 上平面,达到尺寸要求。

6.划线,锯割。

7. 去毛刺,检查精度,修整。

主要加工步骤示意图如下:

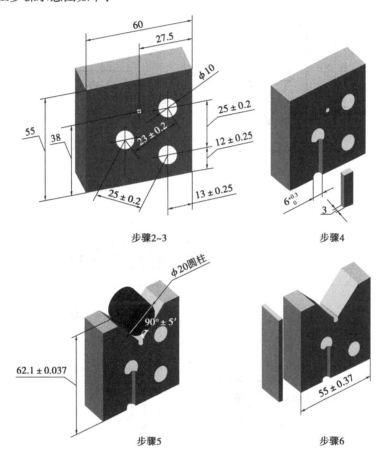

步骤2~3   步骤4

步骤5   步骤6

七、安全及注意事项

1.与槽连接的 10 孔,应在錾削前先钻 8 左右的底孔,錾削完成后再扩、铰孔,以免达不到孔的精度要求。

2.孔距尺寸线用坐标法划出。

3.加工 V 形要注意 90°角的中分线与上平面垂直。

2014年重庆市三峡库区钳工技能大赛
钳工竞赛样题

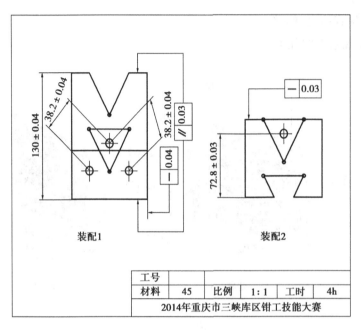

装配1　　　　装配2

工号					
材料	45	比例	1:1	工时	4h
2014年重庆市三峡库区钳工技能大赛					

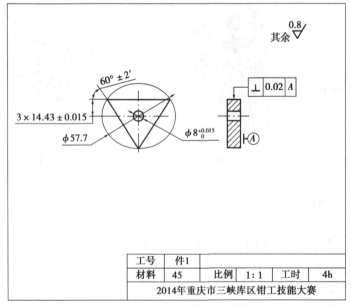

工号	件1				
材料	45	比例	1:1	工时	4h
2014年重庆市三峡库区钳工技能大赛					

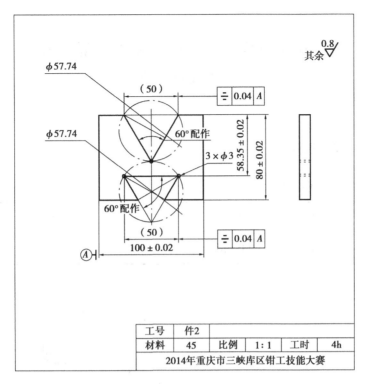

工号	件2				
材料	45	比例	1:1	工时	4h
2014年重庆市三峡库区钳工技能大赛					

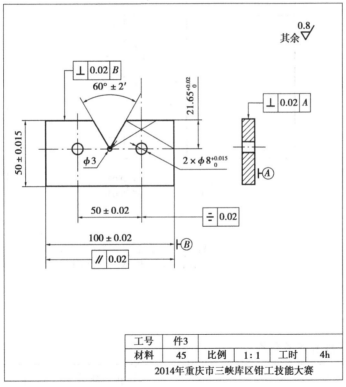

工号	件3				
材料	45	比例	1:1	工时	4h
2014年重庆市三峡库区钳工技能大赛					

2014年重庆市三峡库区钳工技能大赛
竞赛准备清单

一、材料准备（见下备料图）

以下所需材料由赛场准备

序号	材料名称	规 格	数量	备 注
1	45	135×100×8	1	

备料图：

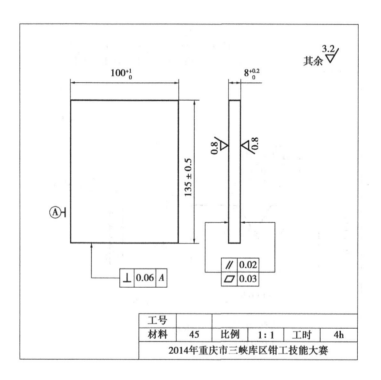

工号					
材料	45	比例	1:1	工时	4h
2014年重庆市三峡库区钳工技能大赛					

二、设备准备

1.以下所需材料由赛场准备

序号	材料名称	规 格	数量	精度	备 注
1	台钻	Z4016		2	台钻附件齐全

序号	材料名称	规 格	数 量	精 度	备 注
2	钻夹头	1—13			
3	台虎钳	150			一人一台
4	工作灯				一人一台
5	润滑油				
6	工艺墨水				
7	乳化液				
8	钳工台	2 000×3 000			4工位中间设安全网
9	划线平台				至少2工位配1台
10	砂轮机	S3SL-250			白刚玉砂轮
11	方箱				
12	赛件毛坯				一人一件

2.划线平台、钻床、砂轮机、钳台及附件配套齐全,布局合理

三、工、量、刃具准备

1.以下所需工、量、刃具由选手准备

序号	材料名称	规 格	数 量	精 度	备 注
1	高度游标尺	0~300	1	0.02	
2	游标卡尺	0~150	1	0.02	
3	90°直角尺	63 或 125	1	1级	
4	刀口形直尺	75 或 125	1	1	
5	万能角度尺	0~320	1	2′	
6	外径千分尺	0~25	1	0.01	
7	外径千分尺	25~50	1	0.01	
8	外径千分尺	50~75	1	0.01	

续表

序号	材料名称	规 格	数 量	精 度	备 注
9	外径千分尺	75~100	1	0.01	
10	塞尺	自定	1套	自定	
11	塞规	φ8	1	H8	
12	百分表(带表座)	0~10	1	0.01	
13	圆柱销	φ8	3	H8	
14	圆柱	φ20×15	1		
15	扁锉	粗、中、细	1套		
16	圆锉	粗、中、细	1套		
17	三角锉	粗、中、细	1套		
18	什锦锉	自定	1套		
19	小扁錾	刃口塞约10	1		
20	直柄麻花钻	φ2、φ5、φ6、φ7、φ8、φ7.9	各1		
21	手用或机用铰刀(带)	φ8	1	H8	
22	铰杠	自定		自定	
23	压板及螺钉		自定		Z4016台钻适用
24	平口钳		自定		Z4016台钻适用
25	扳手	自定	1把		
26	锉刀刷及毛刷	自定	自定		
27	软钳口	自定	1对		
28	划线工具	自定	1套		划针、划规、钢尺、样冲等
29	锯弓、锯条	自定	自定		
30	手锤、錾子	自定	自定		
31	函数计算器	自定	1个		
32	Ra样板	Ra0.8、Ra1.6、Ra3.2	1套		

注:选手不得携带本清单未包含的工、夹、量、刀具、样板等进入竞赛现场。

项目八　钳工中级理论知识试题

职业技能鉴定国家题库
钳工中级理论知识试卷(一)

注意事项

1.考试时间:120分钟。

2.本试卷依据2001年颁布的《钳工 国家职业标准》命制。

3.请首先按要求在试卷的标封处填写您的姓名、准考证号和所在单位的名称。

4.请仔细阅读各种题目的回答要求,在规定的位置填写您的答案。

5.不要在试卷上乱写乱画,不要在标封区填写无关的内容。

	一	二	总　分
得　分			

得　分	
评分人	

一、单项选择(第1题~第80题。选择一个正确的答案,将相应的字母填入题内的括号中。
每题1分,满分80分。)

1.在表面粗糙度的评定参数中,微观不平度+点高度符号是(　　　)。

    A.Rg　　　　　　　　B.Ra　　　　　　　　C.Rx　　　　　　　　D.Rz

2.局部剖视图用(　　　)作为剖与未剖部分的分界线。

    A.粗实线　　　　　　B.细实线　　　　　　C.细点划线　　　　　D.波浪线

3.在机件的主、俯、左三个视图中,机件对应部分的主、俯视图应(　　　)。

    A.长对正　　　　　　B.高平齐　　　　　　C.宽相等　　　　　　D.长相等

4.国标规定螺纹的牙底用(　　)。

　　A.粗实线　　　　　　B.细实线　　　　　　C.虚线　　　　　　D.点划线

5.对于加工精度要求(　　)的沟槽尺寸,要用内径千分尺来测量。

　　A.一般　　　　　　B.较低　　　　　　C.较高　　　　　　D.最高

6.属位置公差项目的符号是(　　)。

　　A.-　　　　　　B.○　　　　　　C.=　　　　　　D.⊥

7.*Ra* 在代号中仅用数值表示,单位为(　　)。

　　A.μm　　　　　　B.Cmm　　　　　　C.dmm　　　　　　D.mm

8.带传动具有(　　)特点。

　　A.吸振和缓冲　　　　　　　　B.传动比准确

　　C.适用两传动轴中心距离较小　　　　D.效率高

9.齿轮传动属啮合传动,齿轮齿廓的特定曲线,使其传动能(　　)。

　　A.保持传动比恒定不变　　　　　B.保持高的传动效率

　　C.被广泛应用　　　　　　　　D.实现大传动比传动

10.液压传动的工作介质是具有一定压力的(　　)。

　　A.气体　　　　　　B.液体　　　　　　C.机械能　　　　　　D.电能

11.液压系统中的执行部分是指(　　)。

　　A.液压泵　　　　　　　　　B.液压缸

　　C.各种控制阀　　　　　　　　D.输油管、油箱等

12.国产液压油的使用寿命一般都在(　　)。

　　A.三年　　　　　　B.二年　　　　　　C.一年　　　　　　D.一年以上

13.(　　)是靠刀具和工件之间作相对运动来完成的。

　　A.焊接　　　　　　B.金属切削加工　　　C.锻造　　　　　　D.切割

14.刀具两次重磨之间(　　)时间的总和称为刀具寿命。

　　A.使用　　　　　　B.机动　　　　　　C.纯切削　　　　　　D.工作

15.修整砂轮一般用(　　)。

　　A.油石　　　　　　B.金刚石　　　　　　C.硬质合金刀　　　D.高速钢

16.外圆柱工件在套筒孔中的定位,当工件定位基准和定位孔较长时,可限制(　　)自由度。

　　A.两个移动　　　　　　　　　B.两个转动

　　C.两个移动和两个转动　　　　　　D.一个移动一个转动

17.根据夹紧装置的结构和作用有简单夹紧装置、复合夹紧装置和(　　)。

　　A.偏心机构　　　　　　　　　B.螺旋机构

　　C.楔块机构　　　　　　　　　D.气动、液压装置

18.钻床夹具有:固定式、移动式、盖板式、翻转式和(　　)。

　　A.回转式　　　　　　B.流动式　　　　　　C.摇臂式　　　　　D.立式

19.电磁抱闸是电动机的(　　)方式。

A.机械制动　　　　B.电力制动　　　　C.反接制动　　　　D.能耗制动

20.T10A 钢锯片淬火后应进行(　　)。

　A.高温回火　　　　B.中温回火　　　　C.低温回火　　　　D.球化退火

21.选择錾子楔角时,在保证足够强度的前提下,尽量取(　　)数值。

　A.较小　　　　　　B.较大　　　　　　C.一般　　　　　　D.随意

22.扁錾正握,其头部伸出约(　　)mm。

　A.5　　　　　　　B.10　　　　　　　C.20　　　　　　　D.30

23.锉削速度一般为每分钟(　　)左右。

　A.20~30 次　　　B.30~60 次　　　C.40~70 次　　　D.50~80 次

24.锯条在制造时,使锯齿按一定的规律左右错开,排列成一定形状,称为(　　)。

　A.锯齿的切削角度　　　　　　　　B.锯路

　C.锯齿的粗细　　　　　　　　　　D.锯割

25.锯割的速度以每分钟(　　)次左右为宜。

　A.20　　　　　　　B.40　　　　　　　C.60　　　　　　　D.80

26.标准群钻的形状特点是三尖七刃(　　)。

　A.两槽　　　　　　B.三槽　　　　　　C.四槽　　　　　　D.五槽

27.在斜面上钻孔时,应(　　)然后再钻孔。

　A.使斜面垂直于钻头　　　　　　　B.在斜面上铣出一个平面

　C.使钻头轴心偏上　　　　　　　　D.对准斜面上的中心冲眼

28.为减少振动,用麻花钻改制的锥形锪钻一般磨成双重后角为(　　)。

　A.$\alpha_0 = 0° ~ 5°$　　　　　　　　B.$\alpha_0 = 6° ~ 10°$

　C.$\alpha_0 = 10° ~ 15°$　　　　　　　D.$\alpha_0 = 15° ~ 20°$

29.常用螺纹按(　　)可分为三角螺纹,方形螺纹,条形螺纹,半圆螺纹和锯齿螺纹等。

　A.螺纹的用途　　　　　　　　　　B.螺纹轴向剖面内的形状

　C.螺纹的受力方式　　　　　　　　D.螺纹在横向剖面内的形状

30.在套丝过程中,材料受(　　)作用而变形。使牙顶变高。

　A.弯曲　　　　　　B.挤压　　　　　　C.剪切　　　　　　D.扭转

31.刮削后的工件表面,形成了比较均匀的微浅凹坑,创造了良好的存油条件,改善了相对运动件之间的(　　)情况。

　A.润滑　　　　　　B.运动　　　　　　C.磨擦　　　　　　D.机械

32.精刮时,刮刀的顶端角度应磨成(　　)。

　A.92.5°　　　　　B.95°　　　　　　C.97.5°　　　　　D.75°

33.在研磨过程中,研磨剂中微小颗粒对工件产生微量的切削作用,这一作用即是(　　)作用。

　A.物理　　　　　　B.化学　　　　　　C.机械　　　　　　D.科学

34.研具的材料有灰口铸铁,而(　　)材料因嵌存磨料的性能好,强度高目前也得到广泛应用。

    A.软钢　　　　　　　B.铜　　　　　　　　C.球墨铸铁　　　　　D.可锻铸铁

35.在研磨过程中起切削作用、研磨工作效率、精度和表面粗糙度,都与(　　　)有密切关系。

    A.磨料　　　　　　　B.研磨液　　　　　　C.研具　　　　　　　D.工件

36.当金属薄板发生对角翘曲变形时,其矫平方法是沿(　　　)锤击。

    A.翘曲的对角线　　　　　　　　　　　B.没有翘曲的对角线

    C.周边　　　　　　　　　　　　　　　D.四周向中间

37.弯管时最小的弯曲半径,必须大于管子直径的(　　　)倍。

    A.2　　　　　　　　　B.3　　　　　　　　　C.4　　　　　　　　　D.5

38.产品装配的常用方法有完全互换装配法、选择装配法、修配装配法和(　　　)。

    A.调整装配法　　　　B.直接选配法　　　　C.分组选配法　　　　D.互换装配法

39.分组选配法的装配精度决定于(　　　)。

    A.零件精度　　　　　B.分组数　　　　　　C.补偿环精度　　　　D.调整环的精度

40.尺寸链中封闭环基本尺寸等于(　　　)。

    A.各组成环基本尺寸之和

    B.各组成环基本尺寸之差

    C.所有增环基本尺寸与所有减环基本尺寸之和

    D.所有增环基本尺寸与所有减环基本尺寸之差

41.装配尺寸链的解法有(　　　)。

    A.查表法　　　　　　B.统计法　　　　　　C.计算法　　　　　　D.公式法

42.制定装配工艺规程的依据是(　　　)。

    A.提高装配效率　　　　　　　　　　　B.进行技术准备

    C.划分装配工序　　　　　　　　　　　D.保证产品装配质量

43.分度头的主轴轴心线能相对于工作台平面向上 90°和向下(　　　)。

    A.10°　　　　　　　　B.45°　　　　　　　　C.90°　　　　　　　　D.120°

44.利用分度头可在工件上划出圆的(　　　)。

    A.等分线　　　　　　　　　　　　　　B.不等分线

    C.等分线或不等分线　　　　　　　　　D.以上叙述都不正确

45.立式钻床的主要部件包括(　　　)、进给变速箱、主轴和进给手柄。

    A.操纵机构　　　　　B.主轴变速箱　　　　C.齿条　　　　　　　D.铜球接合子

46.(　　　)主轴最高转速是 1 360 r/min。

    A.Z3040　　　　　　　B.Z525　　　　　　　C.Z4012　　　　　　　D.CA6140

47.用测力扳手使(　　　)达到给定值的方法是控制扭矩法。

    A.张紧力　　　　　　B.压力　　　　　　　C.预紧力　　　　　　D.力

48.螺纹装配有(　　　)的装配和螺母和螺钉的装配。

    A.双头螺栓　　　　　B.紧固件　　　　　　C.特殊螺纹　　　　　D.普通螺纹

49.( )装配在键长方向、键与轴槽的间隙是 0.1 mm。

 A.紧键   B.花键   C.松键   D.平键

50.键的磨损一般都采取( )的修理办法。

 A.锉配键   B.更换键   C.压入法   D.试配法

51.销连接在机械中主要是定位,连接成锁定零件,有时还可作为安全装置的( )零件。

 A.传动   B.固定   C.定位   D.过载剪断

52.销是一种( ),形状和尺寸已标准化。

 A.标准件   B.连接件   C.传动件   D.固定件

53.过盈连接是依靠包容件和被包容件配合后的( )来达到紧固连接的。

 A.压力   B.张紧力   C.过盈值   D.摩擦力

54.圆锥面的过盈连接要求配合的接触面积达到( )以上,才能保证配合的稳固性。

 A.60%   B.75%   C.90%   D.100%

55.两带轮在使用过程中,发现轮上的三角带张紧程度不等,这是( )原因造成的。

 A.轴颈弯曲   B.带拉长

 C.带磨损   D.带轮与轴配合松动

56.带轮装到轴上后,用( )量具检查其端面跳动量。

 A.直尺   B.百分表   C.量角器   D.直尺或拉绳

57.链传动中,链和轮磨损较严重,用( )方法修理。

 A.修轮   B.修链   C.链、轮全修   D.更换链、轮

58.影响齿轮传动精度的因素包括( ),齿轮的精度等级,齿轮副的侧隙要求及齿轮副的接触斑点要求。

 A.运动精度   B.接触精度   C.齿轮加工精度   D.工作平稳性

59.一般动力传动齿轮副,不要求很高的运动精度和工作平稳性,但要求( )达到要求,可用跑合方法。

 A.传动精度   B.接触精度   C.加工精度   D.齿形精度

60.齿轮传动中,为增加( ),改善啮合质量,在保留原齿轮副的情况下,采取加载跑合措施。

 A.接触面积   B.齿侧间隙   C.工作平稳性   D.加工精度

61.普通圆柱蜗杆传动的精度等级有( )个。

 A.18   B.15   C.12   D.10

62.离合器是一种使主、从动轴接合或分开的传动装置,分牙嵌式和( )两种。

 A.摩擦式   B.柱销式   C.内齿式   D.侧齿式

63.剖分式滑动轴承上、下轴瓦与轴承座盖装配时应使( )与座孔接触良好。

 A.轴瓦   B.轴轻   C.轴瓦背   D.轴瓦面

64.滚动轴承当工作温度低于密封用脂的滴点,速度较高时,应采用( )密封。

 A.毡圈式   B.皮碗式   C.间隙   D.迷宫式

65.内燃机型号最右边的字母 K 表示(　　　)。

　　A.汽车用　　　　　　B.工程机械用　　　　C.船用　　　　　　D.飞机用

66.柴油机的主要(　　　)是曲轴。

　　A.运动件　　　　　　B.工作件　　　　　　C.零件　　　　　　D.组成

67.按工作过程的需要,(　　　)向气缸内喷入一定数量的燃料,并使其良好雾化,与空气形成均匀可燃气体的装置叫供给系统。

　　A.不定时　　　　　　B.随意　　　　　　　C.每经过一次　　　D.定时

68.拆卸时的基本原则,拆卸顺序与装配顺序(　　　)。

　　A.相同　　　　　　　B.相反　　　　　　　C.也相同也不同　　D.基本相反

69.消除铸铁导轨的内应力所造成的变化,需在加工前(　　　)处理。

　　A.回火　　　　　　　B.淬火　　　　　　　C.时效　　　　　　D.表面热

70.轴向间隙是直接影响丝杠螺母副的(　　　)。

　　A.运动精度　　　　　B.平稳性　　　　　　C.传动精度　　　　D.传递扭矩

71.用(　　　)校正丝杠螺母副同轴度时,为消除检验棒在各支承孔中的安装误差,可将检验棒转过后再测量一次,取其平均值。

　　A.百分表180°　　　　B.卷尺　　　　　　　C.卡规　　　　　　D.检验棒

72.钳工上岗时只允许穿(　　　)。

　　A.凉鞋　　　　　　　B.拖鞋　　　　　　　C.高跟鞋　　　　　D.工作鞋

73.对于液体火灾使用泡沫灭火机应将泡沫喷到燃烧区(　　　)。

　　A.下面　　　　　　　B.周围　　　　　　　C.附近　　　　　　D.上空

74.起重机在起吊较重物件时,应先将重物吊离地面(　　　),检查后确认正常情况下方可继续工作。

　　A.10 cm 左右　　　　B.1 cm 左右　　　　　C.5 cm 左右　　　　D.50 cm 左右

75.钳工车间设备较少工件摆放时,要(　　　)。

　　A.堆放　　　　　　　B.大压小　　　　　　C.重压轻　　　　　D.放在工件架上

76.使用(　　　)时应戴橡皮手套。

　　A.电钻　　　　　　　B.钻床　　　　　　　C.电剪刀　　　　　D.镗床

77.工作完毕后,所用过的工具要(　　　)。

　　A.检修　　　　　　　B.堆放　　　　　　　C.清理、涂油　　　D.交接

78.接触器是一种(　　　)的电磁式开关。

　　A.间接　　　　　　　B.直接　　　　　　　C.非自动　　　　　D.自动

79.其励磁绕组和电枢绕组分别用两个直流电源供电的电动机叫(　　　)。

　　A.复励电动机　　　　B.他励电动机　　　　C.并励电动机　　　D.串励电动机

80.一般零件的加工工艺线路(　　　)。

　　A.粗加工　　　　　　　　　　　　　　　　B.精加工

　　C.粗加工-精加工　　　　　　　　　　　　D.精加工-粗加工

得　分	
评分人	

二、**判断题**(第81题~第100题。将判断结果填入括号中。正确的打"√",错误的打"×"。每题1分,满分20分。)

81.(　　)表示机器或部件在装配状态下的图样称为装配图。

82.(　　)水平仪常用来检验工件表面或设备安装的水平情况。

83.(　　)T12钢可选作渗碳零件用钢。

84.(　　)常用的退火方法有完全退火、球化退火和去应力退火等。

85.(　　)装配精度完全依赖于零件制造精度的装配方法是完全互换法。

86.(　　)划规用来划圆和圆弧、等分线段、等分角度以及量取尺寸等。

87.(　　)利用分度头可在工件上划出圆的等分线或不等分线。

88.(　　)选择锉刀尺寸规格,取决于加工余量的大小。

89.(　　)开始攻丝时,应先用二锥起攻,然后用头锥整形。

90.(　　)材料弯曲时中性层一般不在材料正中,而是偏向内层材料一边。

91.(　　)一般情况下,绕制弹簧用的心棒直径应小于弹簧的内径。

92.(　　)蜗杆与蜗轮的轴心线相互间有平行关系。

93.(　　)凸缘式联轴器的装配技术要求要保证各连接件联接可靠受力均匀,不允许有自动松脱现象。

94.(　　)凸缘式联轴器在装配时,首先应在轴上装平键。

95.(　　)整体式滑动轴承的装配要抓住四个要点即:压入轴套、轴套定位、修整轴套孔、轴套的检验。

96.(　　)液体静压轴承是用油泵把高压油送到轴承间隙,强制形成油膜,靠液体的静压平衡外载荷。

97.(　　)滚动轴承装配时,在保证一个轴上有一个轴承能轴向定位的前提下,其余轴承要留有轴向游动余地。

98.(　　)汽油机点火系统由蓄电池,发电机,火花塞,点火线圈分申器和磁电机等组成。

99.(　　)修理工艺过程包括修理前的准备工作设备的拆卸零件的修理和更换及装配调整和试车。

100.(　　)车床丝杠的横向和纵向进给运动是螺旋传动。

职业技能鉴定国家题库
钳工中级理论知识试卷(二)

注意事项

1.考试时间:120分钟。

2.本试卷依据2001年颁布的《钳工 国家职业标准》命制。

3.请首先按要求在试卷的标封处填写您的姓名、准考证号和所在单位的名称。

4.请仔细阅读各种题目的回答要求,在规定的位置填写您的答案。

5.不要在试卷上乱写乱画,不要在标封区填写无关的内容。

	一	二	总　分
得　分			

得　分	
评分人	

一、**单项选择**(第1题~第80题。选择一个正确的答案,将相应的字母填入题内的括号中。
每题1分,满分80分。)

1.包括:(1)一组图形;(2)必要的尺寸;(3)必要的技术要求;(4)零件序号和明细栏;(5)标
题栏五项内容的图样是(　　　)。

  A.零件图　　　　　　B.装配图　　　　　　C.展开图　　　　　　D.示意图

2.标注形位公差代号时,形位公差数值及有关符号应填写在形位公差框格左起(　　　)。

  A.第一格　　　　B.第二格　　　　C.第三格　　　　D.任意

3.在表面粗糙度的评定参数中,微观不平度+点高度符号是(　　　)。

  A.Rg　　　　　　B.Ra　　　　　　C.Rx　　　　　　D.Rz

4.在机件的主、俯、左三个视图中,机件对应部分的主、俯视图应(　　　)。

  A.长对正　　　　B.高平齐　　　　C.宽相等　　　　D.长相等

5.国标规定螺纹的牙底用(　　　)。

  A.粗实线　　　　B.细实线　　　　C.虚线　　　　　D.点划线

6.(　　　)常用来检验工件表面或设备安装的水平情况。

  A.测微仪　　　　B.轮廓仪　　　　C.百分表　　　　D.水平仪

7.孔的最大极限尺寸与轴的最小极限尺寸之代数差为负值叫(　　)。

　　A.过盈值　　　　　　B.最小过盈　　　　　C.最大过盈　　　　　D.最大间隙

8.将能量由(　　)传递到工作机的一套装置称为传动装置。

　　A.汽油机　　　　　　B.柴油机　　　　　　C.原动机　　　　　　D.发电机

9.带传动具有(　　)特点。

　　A.吸振和缓冲　　　　　　　　　　B.传动比准确

　　C.适用两传动轴中心距离较小　　　　D.效率高

10.液压传动是依靠(　　)来传递运动的。

　　A.油液内部的压力　　　　　　　　B.密封容积的变化

　　C.活塞的运动　　　　　　　　　　D.油液的流动

11.液压系统不可避免地存在泄漏现象,故其(　　)不能保持严格准确。

　　A.执行元件的动作　　　　　　　　B.传动比

　　C.流速　　　　　　　　　　　　　D.油液压力

12.夏季应当采用黏度(　　)的油液。

　　A.较低　　　　　　　B.较高　　　　　　　C.中等　　　　　　　D.不作规定

13.加工塑性金属材料应选用(　　)硬质合金。

　　A.YT 类　　　　　　B.YG 类　　　　　　C.YW 类　　　　　　D.YN 类

14.切削塑性较大的金属材料时形成(　　)切屑。

　　A.带状　　　　　　　B.挤裂　　　　　　　C.粒状　　　　　　　D.崩碎

15.当工件材料软,塑性大,应用(　　)砂轮。

　　A.粗粒度　　　　　　B.细粒度　　　　　　C.硬粒度　　　　　　D.软粒度

16.长方体工件定位,在主要基准面上应分布(　　)支承点,并要在同一平面上。

　　A.一个　　　　　　　B.两个　　　　　　　C.三个　　　　　　　D.四个

17.外圆柱工件在套筒孔中的定位,当工件定位基准和定位孔较长时,可限制(　　)自由度。

　　A.两个移动　　　　　　　　　　　B.两个转动

　　C.两个移动和两个转动　　　　　　D.一个移动一个转动

18.钻床夹具有:固定式、回转式、移动式、盖板式和(　　)。

　　A.流动式　　　　　　B.翻转式　　　　　　C.摇臂式　　　　　　D.立式

19.为保证机床操作者的安全,机床照明灯的电压应选(　　)。

　　A.380 V　　　　　　B.220 V　　　　　　C.110 V　　　　　　D.36 V 以下

20.用 15 钢制造凸轮,要求表面高硬度而心部具有高韧性,应采用(　　)的热处理工艺。

　　A.渗碳+淬火+低温回火　　　　　B.退火

　　C.调质　　　　　　　　　　　　　D.表面淬火

21.为提高低碳钢的切削加工性,通常采用(　　)处理。

　　A.完全退火　　　　　B.球化退火　　　　　C.去应力退火　　　　D.正火

22.65 Mn 钢弹簧,淬火后应进行(　　)。

A.高温回火   B.中温回火   C.低温回火   D.完全退火

23.零件的加工精度和装配精度的关系( )。

     A.有直接影响   B.无直接影响   C.可能有影响   D.可能无影响

24.錾削用的手锤锤头是碳素工具钢制成,并淬硬处理,其规格用( )表示。

     A.长度   B.重量   C.体积   D.高度

25.用于最后修光工件表面的用( )。

     A.油光锉   B.粗锉刀   C.细锉刀   D.什锦锉

26.锯条在制造时,使锯齿按一定的规律左右错开,排列成一定形状,称为( )。

     A.锯齿的切削角度   B.锯路

     C.锯齿的粗细   D.锯割

27.标准麻花钻的后角是:在( )内后刀面与切削平面之间的夹角。

     A.基面   B.主截面   C.柱截面   D.副后刀面

28.在高强度材料上钻孔时,为使润滑膜有足够的强度可在切削液中加( )。

     A.机油   B.水   C.硫化切削油   D.煤油

29.钻直径 $D = 30-80$ mm 的孔可分两次钻削,一般先用( )的钻头钻底孔。

     A.$(0.1\sim0.2)D$ B.$(0.2\sim0.3)D$ C.$(0.5\sim0.7)D$ D.$(0.8\sim0.9)D$

30.确定底孔直径的大小,要根据工件的( )、螺纹直径的大小来考虑。

     A.大小   B.螺纹深度   C.重量   D.材料性质

31.套丝时,圆杆直径的计算公式为 $D_{杆} = D - 0.13P$,式中 D 指的是( )。

     A.螺纹中径   B.螺纹小径   C.螺纹大径   D.螺距

32.蓝油适用于( )刮削。

     A.铸铁   B.钢   C.铜合金   D.任何金属

33.细刮的接触点要求达到( )。

     A.2~3 点/25×25   B.12~15 点/25×25

     C.20 点/25×25   D.25 点以/25×25

34.刮刀头一般由( )锻造并经磨制和热处理淬硬而成。

     A.A3 钢   B.45 钢   C.T12A   D.铸铁

35.研具材料与被研磨的工件相比要( )。

     A.软   B.硬   C.软硬均可   D.相同

36.在研磨外圆柱面时,可用车床带动工件,用手推动研磨环在工件上沿轴线作往复运动进行研磨若工件直径大于 100 mm 时,车床转速应选择( )。

     A.50 转/分   B.100 转/分   C.250 转/分   D.500 转/分

37.当金属薄板发生对角翘曲变形时,其矫平方法是沿( )锤击。

     A.翘曲的对角线   B.没有翘曲的对角线

     C.周边   D.四周向中间

38.产品的装配工作包括总装配和( )。

A.固定式装配　　　B.移动式装配　　　C.装配顺序　　　D.部件装配

39.装配前准备工作主要包括零件的清理和清洗、( )和旋转件的平衡试验。

A.零件的密封性试验　　　　　　B.气压法

C.液压法　　　　　　　　　　　D.静平衡试验

40.尺寸链中封闭环( )等于各组成环公差之和。

A.基本尺寸　　　B.上偏差　　　C.下偏差　　　D.公差

41.制定装配工艺规程原则是( )。

A.保证产品装配质量　　　　　　B.成批生产

C.确定装配顺序　　　　　　　　D.合理安排劳动力

42.要在一圆盘面上划出六边形,应选用的分度公式为( )。

A.20/Z　　　B.30/Z　　　C.40/Z　　　D.50/Z

43.利用( )可在工件上划出圆的等分线或不等分线。

A.分度头　　　B.划针　　　C.划规　　　D.立体划线

44.立式钻床的主要部件包括主轴变速箱( )主轴和进给手柄。

A.进给机构　　　B.操纵机构　　　C.进给变速箱　　　D.铜球接合子

45.( )主轴最高转速是 1 360 r/min。

A.Z3040　　　B.Z525　　　C.Z4012　　　D.CA6140

46.用( )使预紧力达到给定值的方法是控制扭矩法。

A.套筒扳手　　　B.测力扳手　　　C.通用扳手　　　D.专业扳手

47.螺纹装配有( )的装配和螺母和螺钉的装配。

A.双头螺栓　　　B.紧固件　　　C.特殊螺纹　　　D.普通螺纹

48.松键装配在( )方向,键与轴槽的间隙是 0.1 mm。

A.健宽　　　B.键长　　　C.键上表面　　　D.键下表面

49.静连接花键装配,要有较少的过盈量,若过盈量较大,则应将套件加热到( )后进行装配。

A.100°　　　B.80°~-120°　　　C.150°　　　D.200°

50.( )一般靠过盈固定在孔中,用以定位和连接。

A.圆柱销　　　B.圆锥销　　　C.销　　　D.销边销

51.销连接有( )连接和圆锥销连接两类。

A.圆销　　　B.圆柱销　　　C.削边销　　　D.扁销

52.过盈连接装配后( )的直径被压缩。

A.轴　　　B.孔　　　C.包容件　　　D.圆

53.张紧力的( )是靠改变两带轮中心距或用张紧轮张紧。

A.检查方法　　　　　　　　　　B.调整方法

C.设置方法　　　　　　　　　　D.前面叙述都不正确

54.转速高的大齿轮装在轴上后应作平衡检查,以免工作时产生( )。

A.松动 B.脱落 C.振动 D.加剧磨损

55.轮齿的( )应用涂色法检查。

A.啮合质量 B.接触斑点 C.齿侧间隙 D.接触精度

56.齿轮在轴上固定,当要求配合过盈量( )时,应采用液压套合法装配。

A.很大 B.很小 C.一般 D.无要求

57.蜗杆与蜗轮的轴心线相互间有( )关系。

A.平行 B.重合 C.倾斜 D.垂直

58.蜗杆传动机构的装配顺序应根据具体情况而定,一般应先装( )。

A.蜗轮 B.蜗杆 C.轴承 D.密封环

59.( )联轴器装配时,首先应在轴上装平键。

A.滑块式 B.凸缘式 C.万向节 D.十字沟槽式

60.联轴器只有在机器停车时,用拆卸的方法才能使两轴( )。

A.脱离传动关系 B.改变速度

C.改变运动方向 D.改变两轴相互位置

61.对( )的要求是分合灵敏,工作平稳和传递足够的扭矩。

A.联轴器 B.蜗轮、蜗杆 C.螺旋机构 D.离合器

62.整体式滑动轴承装配的第二步是( )。

A.压入轴套 B.修整轴套 C.轴套定位 D.轴套的检验

63.主要承受径向载荷的滚动轴承叫( )。

A.向心轴承 B.推力轴承

C.向心、推力轴承 D.单列圆锥滚子轴承

64.对( )部件的预紧错位量的测量应采用弹簧测量装置。

A.轴组 B.轴承 C.精密轴承 D.轴承盖

65.当用螺钉调整法把轴承游隙调节到规定值时,一定把( )拧紧,才算调整完毕。

A.轴承盖联接螺钉 B.锁紧螺母

C.调整螺钉 D.紧定螺钉

66.( )是内燃机各机构各系统工作和装配的基础,承受各种载荷。

A.配合机构 B.供给系统 C.关火系统 D.机体组件

67.能按照柴油机的工作次序,定时打开排气门,使新鲜空气进入气缸和废气从气缸排出的机构叫( )。

A.配气机构 B.凸轮机构 C.曲柄连杆机构 D.滑块机构

68.点火提前呈( )状态时,气体膨胀压力将阻碍活塞向上运动,使汽油机有效功率减小。

A.过大 B.过小 C.适中 D.等于零

69.设备修理,拆卸时一般应( )。

A.先内后外 B.先上后下 C.先外部、上部 D.先内、下

70.对于形状( )的静止配合件拆卸可用拉拔法。

A.复杂   B.不规则   C.规则   D.简单

71.由于油质灰砂或润滑油不清洁造成的机件磨损称( )磨损。

A.氧化   B.振动   C.砂粒   D.摩擦

72.螺旋传动机械是将螺旋运动变换为( )。

A.两轴速垂直运动   B.直线运动

C.螺旋运动   D.曲线运动

73.丝杠螺母传动机构只有一个螺母时,使螺母和丝杠始终保持( )。

A.双向接触   B.单向接触

C.单向或双向接触   D.三向接触

74.用( )校正丝杠螺母副同轴度时,为消除检验棒在各支承孔中的安装误差,可将检验棒转过后再测量一次,取其平均值。

A.百分表180°   B.卷尺   C.卡规   D.检验棒

75.操作钻床时不能戴( )。

A.帽子   B.手套   C.眼镜   D.口罩

76.起吊时吊钩要垂直于重心,绳与地面垂直时,一般不超过( )。

A.30°   B.40°   C.45°   D.50°

77.钻床钻孔时,车未停稳不准( )。

A.捏停钻夹头   B.断电   C.离开太远   D.做其他工作

78.利用起动设备将电压适当( )后加到电动机定子绕组上进行起动,待起动完毕后,再使电压恢复到额定值,这叫降压起动。

A.提高   B.降低或提高   C.降低   D.调整

79.( )制动有机械制动和电力制动两种。

A.同步式电动机   B.异步式电动机   C.鼠笼式电动机   D.直流电动机

80.镗床是进行( )加工的。

A.外圆   B.平面   C.螺纹   D.内孔

得 分	
评分人	

二、判断题(第81题~第100题。将判断结果填入括号中。正确的打"√",错误的打"×"。每题1分,满分20分。)

81.( )内径百分表的示值误差很小,在测量前不需用百分尺校对尺寸。

82.( )零件加工表面上具有的较小间距和峰谷所组成的微观几何形状不平的程度叫做表面粗糙度。

83.( )大型工件划线时,如果没有长的钢直尺,可用拉线代替,没有大的直角尺则可用线坠代替。

84.( )划线时用已确定零件各部位尺寸、几何形状及相应位置的依据称为设计基准。

85.( )錾削时,錾子所形成的切削角度有前角、后角和楔角,三个角之和为90°。

86.( )锉刀由锉身和锉柄两部分组成。

87.( )工件一般应夹在台虎钳的左面,以便操作。

88.( )在圆杆上套丝时,要始终加以压力,连续不断的旋转,这样套出的螺纹精度高。

89.( )矫正棒料或轴类零件时一般采用延展法。

90.( )当弯曲半径小时,毛坯长度可按弯曲内层计算。

91.( )一般情况下,绕制弹簧用的心棒直径应小于弹簧的内径。

92.( )旋转体不平衡的形式有静不平衡和动不平衡。

93.( )过盈过接的配合面多为圆柱形也有圆锥形或其他形式的。

94.( )当带轮孔加大必须镶套,套与轴为键连接,套与带轮常用加骑缝螺钉方法固定。

95.( )链传动的损坏形式有链被拉长链和链轮磨损及链断裂等。

96.( )滑动轴承按其承受载荷的方向可分为整体式、剖分式和内柱外锥式。

97.( )四缸柴油机,各缸做功的间隔角度为180°。

98.( )危险品仓库应设办公室。

99.( )钳工车间设备较少,工件随意堆放,有利于提高工作效率。

100.( )工作时必须穿工作服和工鞋。

职业技能鉴定国家题库
钳工中级理论知识试卷(三)

注意事项

1.考试时间:120分钟。

2.本试卷依据2001年颁布的《钳工 国家职业标准》命制。

3.请首先按要求在试卷的标封处填写您的姓名、准考证号和所在单位的名称。

4.请仔细阅读各种题目的回答要求,在规定的位置填写您的答案。

5.不要在试卷上乱写乱画,不要在标封区填写无关的内容。

	一	二	总　分
得　分			

得　分	
评分人	

一、单项选择(第1题~第80题。选择一个正确的答案,将相应的字母填入题内的括号中。每题1分,满分80分。)

1.一张完整的装配图的内容包括:(1)一组图形;(2)(　　　　);(3)必要的技术要求;(4)零件序号和明细栏;(5)标题栏。

　A.正确的尺寸　　　　B.完整的尺寸　　　　C.合理的尺寸　　　　D.必要的尺寸

2.零件图中注写极限偏差时,上下偏差小数点(　　　　)小数点后位数相同,零偏差必须标注。

　A.必须对齐　　　　　　　　　　　B.不需对齐

　C.对齐不对齐两可　　　　　　　　D.依个人习惯

3.局部剖视图用(　　　　)作为剖与未剖部分的分界线。

　A.粗实线　　　　　B.细实线　　　　　C.细点划线　　　　　D.波浪线

4.画出各个视图是绘制零件图的(　　　　)。

　A.第一步　　　　　B.第二步　　　　　C.第三步　　　　　D.第四步

5.内径百分表的测量范围是通过更换(　　　　)来改变的。

　A.表盘　　　　　　B.测量杆　　　　　C.长指针　　　　　D.可换触头

6.孔的最小极限尺寸与轴的最大极限尺寸之代数差为正值叫(　　　　)。

A.间隙值　　　　　　　B.最小间隙　　　　　　C.最大间隙　　　　　　D.最大过盈

7.表面粗糙度通常是按照波距来划分,波距小于(　　)mm 属于表面粗糙度。

A.0.01　　　　　　　B.0.1　　　　　　　C.0.5　　　　　　　D.1

8.机械传动是采用带轮、齿轮、轴等机械零件组成的传动装置来进行能量的(　　)。

A.转换　　　　　　B.传递　　　　　　C.输送　　　　　　D.交换

9.带传动具有(　　)特点。

A.吸振和缓冲　　　　　　　　　　　B.传动比准确

C.适用两传动轴中心距离较小　　　　D.效率高

10.液压系统中的辅助部分指的是(　　)。

A.液压泵　　　　　　　　　　　　B.液压缸

C.各种控制阀　　　　　　　　　　D.输油管、油箱等

11.(　　)是造成工作台往复运动速度误差大的原因之一。

A.油缸两端的泄漏不等　　　　　　B.系统中混入空气

C.活塞有效作用面积不一样　　　　D.液压缸容积不一样

12.形状复杂,精度较高的刀具应选用的材料是(　　)。

A.工具钢　　　　　　B.高速钢　　　　　　C.硬质合金　　　　　　D.碳素钢

13.在钻床钻孔时,钻头的旋转是(　　)运动。

A.进给　　　　　　B.切削　　　　　　C.主　　　　　　D.工作

14.当磨损限度相同时,刀具寿命愈长,表示刀具磨损发生(　　)。

A.愈快　　　　　　B.愈慢　　　　　　C.不变　　　　　　D.很快

15.长方体工件定位,在导向基准面上应分布(　　)支承点,并且要在同一平面上。

A.一个　　　　　　B.两个　　　　　　C.三个　　　　　　D.四个

16.外圆柱工件在套筒孔中的定位,当工件定位基准和定位孔较长时,可限制(　　)自由度。

A.两个移动　　　　　　　　　　　B.两个转动

C.两个移动和两个转动　　　　　　D.一个移动一个转动

17.在夹具中,夹紧力的作用方向应与钻头轴线的方向(　　)。

A.平行　　　　　　B.垂直　　　　　　C.倾斜　　　　　　D.相交

18.电磁抱闸是电动机的(　　)方式。

A.机械制动　　　　　　B.电力制动　　　　　　C.反接制动　　　　　　D.能耗制动

19.感应加热表面淬火淬硬层深度与(　　)有关。

A.加热时间　　　　　　B.电流频率　　　　　　C.电压　　　　　　D.钢的含碳量

20.球化退火一般适用于(　　)。

A.优质碳素结构钢　　　　　　　　B.合金结构钢

C.普碳钢　　　　　　　　　　　　D.轴承钢及合金工具钢

21.将钢件加热、保温,然后在空气中冷却的热处理工艺叫(　　)。

A.回火　　　　　　B.退火　　　　　　C.正火　　　　　　D.淬火

22.( )完全依赖于零件制造精度的装配方法是完全互换法。

    A.装配精度   B.加工精度   C.加工误差   D.减少误差

23.分度头的手柄转一周,装夹在主轴上的工件转( )。

    A.1 周   B.20 周   C.40 周   D.1/40 周

24.錾削铜、铝等软材料时,楔角取( )。

    A.30°~50°   B.50°~60°   C.60°~70°   D.70°~90°

25.选择锉刀时,锉刀( )要和工件加工表面形状相适应。

    A.大小   B.粗细   C.新旧   D.断面形状

26.锯条上的全部锯齿按一定的规律( )错开,排列成一定的形状称为锯路。

    A.前后   B.上下   C.左右   D.一前一后

27.锯割软材料或厚材料选用( )锯条。

    A.粗齿   B.细齿   C.硬齿   D.软齿

28.钻头直径大于 13 mm 时,柄部一般做成( )。

    A.直柄   B.莫氏锥柄   C.方柄   D.直柄锥柄都有

29.用半孔钻钻半圆孔时宜用( )。

    A.低速手进给   B.高速手进给   C.低速自动进给   D.高速自动进给

30.常用螺纹按( )可分为三角螺纹、方形螺纹、条形螺纹、半圆螺纹和锯齿螺纹等。

    A.螺纹的用途   B.螺纹轴向剖面内的形状

    C.螺纹的受力方式   D.螺纹在横向剖面内的形状

31.攻丝进入自然旋进阶段时,两手旋转用力要均匀并要经常倒转( )圈。

    A.1~2   B.1/4~1/2   C.1/5~1/8   D.1/8~1/10

32.圆板牙的前角数值沿切削刃变化,( )处前角最大。

    A.中径   B.小径   C.大径   D.大径和中径

33.检查曲面刮削质量,其校准工具一般是与被检曲面配合的( )。

    A.孔   B.轴   C.孔或轴   D.都不是

34.粗刮时,粗刮刀的刃磨成( )。

    A.略带圆弧   B.平直   C.斜线形   D.曲线形

35.精刮时要采用( )。

    A.短刮法   B.点刮法   C.长刮法   D.混合法

36.研具材料与被研磨的工件相比要( )。

    A.软   B.硬   C.软硬均可   D.相同

37.在研磨过程中起切削作用、研磨工作效率、精度和表面粗糙度,都与( )有密切关系。

    A.磨料   B.研磨液   C.研具   D.工件

38.直径大的棒料或轴类多件常采用( )矫直。

    A.压力机   B.手锤   C.台虎钳   D.活络板手

39.相同材料,弯曲半径越小,变形( )。

A.越大 　　　　　　　　　　　　　　B.越小

C.不变 　　　　　　　　　　　　　　D.可能大也可能小

40.在计算圆弧部分中性层长度的公式 $A=\pi(r+x_0t)\alpha/180$ 中,X_0 指的是材料的(　　　)。

A.内弯曲半径 　　　　　　　　　　B.中间层系数

C.中性层位置系数 　　　　　　　　D.弯曲直径

41.若弹簧的外径与其他零件相配时,公式 $D_0=(0.75-0.8)D_1$ 中的系数应取(　　　)值。

A.大 　　　　B.偏大 　　　　C.中 　　　　D.小

42.由一个或一组工人在不更换设备或地点的情况下完成的装配工作叫(　　　)。

A.装配工序 　　　B.工步 　　　C.部件装配 　　　D.总装配

43.产品的装配工作包括部件装配和(　　　)。

A.总装配 　　　B.固定式装配 　　　C.移动式装配 　　　D.装配顺序

44.为消除零件因偏重而引起振动,必须进行(　　　)。

A.平衡试验 　　　B.水压试验 　　　C.气压试验 　　　D.密封试验

45.分组选配法的装配精度决定于(　　　)。

A.零件精度 　　　B.分组数 　　　C.补偿环精度 　　　D.调整环的精度

46.要在一圆盘面划出六边形,问每划(　　　)条线,分度头上的手柄应摇 6·2/3 周,再划第二条线。

A.一 　　　　B.二 　　　　C.三 　　　　D.四

47.立式钻床的主要部件包括(　　　)、进给变速箱、主轴和进给手柄。

A.操纵机构 　　　B.主轴变速箱 　　　C.齿条 　　　D.铜球接合子

48.立钻 Z525 主轴最高转速为(　　　)。

A.97 r/min 　　　B.1 360 r/min 　　　C.1 420 r/min 　　　D.480 r/min

49.在拧紧(　　　)布置的成组螺母时,必须对称地进行。

A.长方形 　　　B.圆形 　　　C.方形 　　　D.圆形或方形

50.装配紧键时,用涂色法检查键下、下表面与(　　　)接触情况。

A.轴 　　　B.毂槽 　　　C.轴和毂槽 　　　D.槽底

51.过盈连接的类型有(　　　)和圆锥面过盈连接装配。

A.螺尾圆锥过盈连接装配 　　　　　B.普通圆柱销过盈连接装配

C.普通圆锥销过盈连接 　　　　　　D.圆柱面过盈连接装配

52.带轮相互位置不准确会引起带张紧不均匀而过快磨损,对(　　　)不大测量方法是长直尺。

A.张紧力 　　　B.摩擦力 　　　C.中心距 　　　D.都不是

53.带传动机构使用一段时间后,三角带陷入槽底,这是(　　　)损坏形式造成的。

A.轴变曲 　　　B.带拉长 　　　C.带轮槽磨损 　　　D.轮轴配合松动

54.链传动的损坏形式有链被拉长,(　　　)及链断裂等。

A.销轴和滚子磨损 　　　　　　　　B.链和链轮磨损

C.链和链轮配合松动　　　　　　　　　D.脱链

55.影响齿轮传动精度的因素包括齿轮的加工精度,齿轮的精度等级,齿轮副的侧隙要求,及（　　）。

　　A.齿形精度　　　　　　　　　　　　B.安装是否正确

　　C.传动平稳性　　　　　　　　　　　D.齿轮副的接触斑点要求

56.一般动力传动齿轮副,不要求很高的运动精度和工作平稳性,但要求（　　）达到要求,可用跑合方法。

　　A.传动精度　　　　B.接触精度　　　　C.加工精度　　　　D.齿形精度

57.（　　）传动中,为增加接触面积,改善啮合质量,在保留原传动副的情况下,采取加载跑合措施。

　　A.带　　　　　　　B.链　　　　　　　C.齿轮　　　　　　D.蜗杆

58.蜗轮副正确的接触斑点位置应在（　　）位置。

　　A.蜗杆中间　　　　　　　　　　　　B.蜗轮中间

　　C.蜗轮中部稍偏蜗杆旋出方向　　　　D.蜗轮中部稍偏蜗轮旋出方向

59.（　　）联轴器在工作时,允许两轴线有少量径向偏移和歪斜。

　　A.凸缘式　　　　　B.万向节　　　　　C.滑块式　　　　　D.十字沟槽式

60.离合器装配的主要技术要求之一是能够传递足够的（　　）。

　　A.力矩　　　　　　B.弯矩　　　　　　C.扭矩　　　　　　D.力偶力

61.离合器是一种使（　　）轴接合或分开的传动装置。

　　A.主　　　　　　　B.主、从动　　　　C.从动　　　　　　D.连接

62.向心滑动轴承按结构不同可分为整体式、剖分式和（　　）。

　　A.部分式　　　　　B.不可拆式　　　　C.叠加式　　　　　D.内柱外锥式

63.滑动轴承装配的主要要求之一是（　　）。

　　A.减少装配难度　　　　　　　　　　B.获得所需要的间隙

　　C.抗蚀性好　　　　　　　　　　　　D.获得一定速比

64.滚动轴承型号有（　　）数字。

　　A.5 位　　　　　　B.6 位　　　　　　C.7 位　　　　　　D.8 位

65.柴油机的主要（　　）是曲轴。

　　A.运动件　　　　　B.工作件　　　　　C.零件　　　　　　D.组成

66.能按照柴油机的工作次序,定时打开排气门,使新鲜空气进入气缸和废气从气缸排出的机构叫（　　）。

　　A.配气机构　　　　B.凸轮机构　　　　C.曲柄连杆机构　　D.滑块机构

67.对于形状简单的静止配合件拆卸时,可用（　　）。

　　A.拉拔法　　　　　B.顶压法　　　　　C.温差法　　　　　D.破坏法

68.被腐蚀的金属表面当受到机械磨损作用时,将（　　）磨损。

　　A.加剧　　　　　　B.减少　　　　　　C.停止　　　　　　D.产生

69.消除铸铁导轨的内应力所造成的变化,需在加工前( )处理。

    A.回火   B.淬火   C.时效   D.表面热

70.车床丝杠的纵向进给和横向进给运动是( )。

    A.齿轮传动   B.液化传动   C.螺旋传动   D.蜗杆副传动

71.丝杠螺母传动机构只有一个螺母时,使螺母和丝杠始终保持( )。

    A.双向接触   B.单向接触

    C.单向或双向接触   D.三向接触

72.用检查棒校正丝杠螺母副( )时,为消除检验棒在各支承孔中的安装误差,可将检验棒转过 180°后用测量一次,取其平均值。

    A.同轴度   B.垂直度   C.平行度   D.跳动

73.( )装卸钻头时,按操作规程必须用钥匙。

    A.电磨头   B.电剪刀   C.手电钻   D.钻床

74.电线穿过门窗及其他可燃材料应加套( )。

    A.塑料管   B.磁管   C.油毡   D.纸筒

75.起吊时吊钩要垂直于重心,绳与地面垂直时,一般不超过( )。

    A.75°   B.65°   C.55°   D.45°

76.钻床( )应停车。

    A.变速过程   B.变速后   C.变速前   D.装夹钻夹头

77.使用( )时应戴橡皮手套。

    A.电钻   B.钻床   C.电剪刀   D.镗床

78.钳工工作场地必须清洁、整齐,物品摆放( )。

    A.随意   B.无序   C.有序   D.按要求

79.( )的作用保护电路。

    A.接触器   B.变压器   C.熔断器   D.电容器

80.其励磁绕组和电枢绕组分别用两个直流电源供电的电动机叫( )。

    A.复励电动机   B.他励电动机   C.并励电动机   D.串励电动机

得 分	
评分人	

二、判断题(第 81 题～第 100 题。将判断结果填入括号中。正确的打"√",错误的打"×"。每题 1 分,满分 20 分。)

81.( )三视图投影规律是长相等,高平齐,宽对正。

82.( )千分尺的制造精度主要是由它的刻线精度来决定的。

83.( )液压传动是以油液作为工作介质,依靠密封容积的变化来传递运动,依靠油液内部的压力来传递动力。

84.( )大型工件划线时,如果没有长的钢直尺,可用拉线代替,没有大的直角尺则可用线坠代替。

85.( )錾削时,一般应使后角在 $5°\sim8°$。

86.( )锉刀不可作撬棒或手锤用。

87.( )孔的精度要求较高和表面粗糙度值要求较小时,应选用主要起润滑作用的切削液。

88.( )完全互换装配法选择装配法修配装配法和调整装配法是产品装配常用方法。

89.( )分度头的分度原理,手柄心轴上的螺杆为单线,主轴上蜗轮齿数为 40 当手柄转过一周,分度头主轴便转动 1/40 周。

90.( )螺母装配只包括螺母和螺钉的装配。

91.( )动连接花键装配要有较少的过盈量若过盈量较大则应将套件加热到 $80°\sim120°$ 后进行装配。

92.( )圆柱销一般靠过盈固定在轴上,用以定位和连接。

93.( )销连接有圆柱销连接和圆锥销连接两类。

94.( )过盈过接的配合面多为圆柱形也有圆锥形或其他形式的。

95.( )普通圆柱蜗杆传动的精度等级有 12 个。

96.( )静压轴承的润滑状态和油膜压力与轴颈转速的关系很小,即使轴颈不旋转也可以形成油膜。

97.( )为了防止轴承在工作时受轴向力而产生轴向移动,轴承在轴上或壳体上一般都应加以轴向固定装置。

98.( )内燃机型号中,最右边的字母 k 表示工程机械用。

99.( )内燃气配气机构由时气门摇臂,推杆挺柱,凸轮和齿轮等组成。

100.( )工业企业在计划期内生产的符合质量的工业产品实物量叫产品产量。

职业技能鉴定国家题库
钳工中级理论知识试卷(四)

注意事项

1.考试时间:60分钟。

2.本试卷依据2001年颁布的《钳工 国家职业标准》命制。

3.请首先按要求在试卷的标封处填写您的姓名、准考证号和所在单位的名称。

4.请仔细阅读各种题目的回答要求,在规定的位置填写您的答案。

5.不要在试卷上乱写乱画,不要在标封区填写无关的内容。

	一	二	总 分
得 分			

得 分	
评分人	

一、单项选择(第1题~第80题。选择一个正确的答案,将相应的字母填入题内的括号中。每题1分,满分80分。)

1.看装配图的第一步是先看( )。

　A.尺寸标注　　　　B.表达方法　　　　C.标题栏　　　　　D.技术要求

2.标注形位公差代号时,形位公差框格左起第二格应填写( )。

　A.形位公差项目符号　　　　　　　B.形位公差数值

　C.形位公差数值及有关符号　　　　D.基准代号

3.Rz 是表面粗糙度评定参数中( )的符号。

　A.轮廓算术平均偏差　　　　　　　B.微观不平度+点高度

　C.轮廓最大高度　　　　　　　　　D.轮廓不平程度

4.局部剖视图用波浪线作为剖与未剖部分的分界线,波浪线的粗细是粗实线粗细的( )。

　A.1/3　　　　　　B.2/3　　　　　　C.相同　　　　　　D.1/2

5.千分尺固定套筒上的刻线间距为( )mm。

　A.1　　　　　　　B.0.5　　　　　　C.0.01　　　　　　D.0.001

6.内径千分尺的活动套筒转动一圈,测微螺杆移动( )。

A.1 mm　　　　　B.0.5 mm　　　　　C.0.01 mm　　　　　D.0.001 mm

7.孔的最小极限尺寸与轴的最大极限尺寸之代数差为负值叫(　　　)。

　　A.过盈值　　　　　B.最小过盈　　　　　C.最大过盈　　　　　D.最小间隙

8.Ra 在代号中仅用数值表示,单位为(　　　)。

　　A.μm　　　　　B.Cmm　　　　　C.dmm　　　　　D.mm

9.机械传动是采用带轮、齿轮、轴等机械零件组成的传动装置来进行(　　　)的传递。

　　A.运动　　　　　B.动力　　　　　C.速度　　　　　D.能量

10.能保持传动比恒定不变的是(　　　)。

　　A.带传动　　　　　B.链传动　　　　　C.齿轮传动　　　　　D.摩擦轮传动

11.国产液压油的使用寿命一般都在(　　　)。

　　A.三年　　　　　B.二年　　　　　C.一年　　　　　D.一年以上

12.刀具两次重磨之间纯切削时间的总和称为(　　　)。

　　A.使用时间　　　　　B.机动时间　　　　　C.刀具磨损限度　　　　　D.刀具寿命

13.当工件材料软,塑性大,应用(　　　)砂轮。

　　A.粗粒度　　　　　B.细粒度　　　　　C.硬粒度　　　　　D.软粒度

14.长方体工件定位,在导向基准面上应分布(　　　)支承点,并且要在同一平面上。

　　A.一个　　　　　B.两个　　　　　C.三个　　　　　D.四个

15.钻床夹具有:固定式、移动式、盖板式、翻转式和(　　　)。

　　A.回转式　　　　　B.流动式　　　　　C.摇臂式　　　　　D.立式

16.下列制动中(　　　)不是电动机的制动方式。

　　A.机械制动　　　　　B.液压制动　　　　　C.反接制动　　　　　D.能耗制动

17.用 15 钢制造凸轮,要求表面高硬度而心部具有高韧性,应采用(　　　)的热处理工艺。

　　A.渗碳+淬火+低温回火　　　　　　　　　B.退火

　　C.调质　　　　　　　　　　　　　　　　　D.表面淬火

18.选择錾子楔角时,在保证足够强度的前提下,尽量取(　　　)数值。

　　A.较小　　　　　B.较大　　　　　C.一般　　　　　D.随意

19.平锉、方锉、圆锉、半圆锉和三角锉属于(　　　)类锉刀。

　　A.特种锉　　　　　B.什锦锉　　　　　C.普通锉　　　　　D.整形锉

20.锯条在制造时,使锯齿按一定的规律左右错开,排列成一定形状,称为(　　　)。

　　A.锯齿的切削角度　　　　　　　　　　　B.锯路

　　C.锯齿的粗细　　　　　　　　　　　　　D.锯割

21.修磨钻铸铁的群钻要磨出的二重顶角为(　　　)。

　　A.60°　　　　　B.70°　　　　　C.80°　　　　　D.90°

22.钻骑缝螺纹底孔时,应尽量用(　　　)钻头。

　　A.长　　　　　B.短　　　　　C.粗　　　　　D.细

23.对孔的粗糙度影响较大的是(　　　)。

A.切削速度　　　　B.钻头刚度　　　　C.钻头顶角　　　　D.进给量

24.当丝锥(　　)全部进入工件时,就不需要再施加压力,而靠丝锥自然旋进切削。

A.切削部分　　　B.工作部分　　　C.校准部分　　　D.全部

25.在中碳钢上攻 M10×1.5 螺孔,其底孔直径应是(　　)。

A.10 mm　　　　B.9 mm　　　　　C.8.5 mm　　　　D.7 mm

26.套丝时,圆杆直径的计算公式为 $D_{杆}=D-0.13P$,式中 D 指的是(　　)。

A.螺纹中径　　　B.螺纹小径　　　C.螺纹大径　　　D.螺距

27.粗刮时,显示剂调的(　　)。

A.干些　　　　　B.稀些　　　　　C.不干不稀　　　D.稠些

28.细刮的接触点要求达到(　　)。

A.2～3 点/25×25　　　　　　　　B.12～15 点/25×25

C.20 点/25×25　　　　　　　　　D.25 点以/25×25

29.研磨圆柱孔用的研磨棒,其长度为工件长度的(　　)倍。

A.1～2　　　　　B.1.5～2　　　　C.2～3　　　　　D.3～4

30.在研磨中起调和磨料、冷却和润滑作用的是(　　)。

A.研磨液　　　　B.研磨剂　　　　C.磨料　　　　　D.研具

31.在研磨外圆柱面时,可用车床带动工件,用手推动研磨环在工件上沿轴线作往复运动进行研磨若工件直径大于 100mm 时,车床转速应选择(　　)。

A.50 转/分　　　B.100 转/分　　　C.250 转/分　　　D.500 转/分

32.精度较高的轴类零件,矫正时应用(　　)来检查矫正情况。

A.钢板尺　　　　B.平台　　　　　C.游标卡尺　　　D.百分表

33.薄板中间凸起是由于变形后中间材料(　　)引起的。

A.变厚　　　　　B.变薄　　　　　C.扭曲　　　　　D.弯曲

34.在一般情况下,为简化计算,当 $r/t \geq 8$ 时,中性层系数可按(　　)计算。

A.$X_0=0.3$

B.$X_0=0.4$

C.$X_0=0.5$

D.$X_0=0.6$

35.选择弹簧材料主要根据弹簧的(　　)、承受负荷的种类等要求选取。

A.受力　　　　　B.工作条件　　　C.长度　　　　　D.大直径

36.按规定的技术要求,将若干零件结合成部件或若干个零件和部件结合成机器的过程称为(　　)。

A.装配　　　　　B.装配工艺过程　　C.装配工艺规程　　D.装配工序

37.下面(　　)不是装配工作要点。

A.零件的清理、清洗　　　　　　　B.边装配边检查

C.试车前检查　　　　　　　　　　D.喷涂、涂油、装管

38.零件的密封试验是(　　)。

　　A.装配工作　　　　　　　　　　　　B.试车

　　C.装配前准备工作　　　　　　　　　D.调整工作

39.装配尺寸链是指全部组成尺寸为(　　)设计尺寸所形成的尺寸链。

　　A.同一零件　　　　B.不同零件　　　　C.零件　　　　D.组成环

40.装配工艺(　　)的内容包括装配技术要求及检验方法。

　　A.过程　　　　　　B.规程　　　　　　C.原则　　　　D.方法

41.分度头结构不包括的部分是(　　)。

　　A.壳体　　　　　　　　　　　　　　B.主轴

　　C.分度机构和分度盘　　　　　　　　D.齿轮

42.立式钻床的主要部件包括主轴变速箱、进给变速箱、(　　)和进给手柄。

　　A.进给机构　　　　B.操纵机构　　　　C.齿条　　　　D.主轴

43.立钻(　　)二级保养,要按需要拆洗电机,更换1号钙基润滑脂。

　　A.主轴　　　　　　B.进给箱　　　　　C.电动机　　　D.主轴和进给箱

44.螺纹装配有双头螺栓的装配和(　　)的装配。

　　A.螺母　　　　　　B.螺钉　　　　　　C.螺母和螺钉　D.特殊螺纹

45.在拧紧圆形或方形布置的成组螺母纹时,必须(　　)。

　　A.对称地进行　　　　　　　　　　　B.从两边开始对称进行

　　C.从外自里　　　　　　　　　　　　D.无序

46.静连接(　　)装配,要有较少的过盈量,若过盈量较大,则应将套件加热到80~120°后进行装配。

　　A.紧键　　　　　　B.松键　　　　　　C.花键　　　　D.平键

47.圆柱销一般靠过盈固定在(　　),用以固定和连接。

　　A.轴上　　　　　　B.轴槽中　　　　　C.传动零件上　D.孔中

48.销是一种(　　),形状和尺寸已标准化。

　　A.标准件　　　　　B.连接件　　　　　C.传动件　　　D.固定件

49.过盈连接是依靠包容件和被包容件配合后的(　　)来达到紧固连接的。

　　A.压力　　　　　　B.张紧力　　　　　C.过盈值　　　D.摩擦力

50.当过盈量及配合尺寸较大时,常采用(　　)装配。

　　A.压入法　　　　　B.冷缩法　　　　　C.温差法　　　D.爆炸法

51.两带轮在机械上的位置不准确,引起带张紧程度不同,用(　　)方法检查。

　　A.百分表　　　　　B.量角器　　　　　C.肉眼观察　　D.直尺或拉绳

52.链传动中,链的下垂度(　　)为宜。

　　A.5%L　　　　　B.4%L　　　　　C.3%L　　　D.2%L

53.转速高的大齿轮装在轴上后应作平衡检查,以免工作时产生(　　)。

　　A.松动　　　　　　B.脱落　　　　　　C.振动　　　　D.加剧磨损

54.在接触区域内通过脉冲放电,把齿面凸起的部分先去掉,使接触面积逐渐扩大的方法叫( )。

    A.加载跑合   B.电火花跑合   C.研磨   D.刮削

55.齿轮在轴上固定,当要求配合( )很大时,应采用液压套合法装配。

    A.间隙   B.过盈量   C.过渡   D.精度

56.普通圆柱( )传动的精度等级有 12 个。

    A.齿轮   B.蜗杆   C.体   D.零件

57.蜗杆传动机构装配后,蜗轮在任何位置上,用手旋转蜗杆所需的扭矩( )。

    A.均应相同   B.大小不同   C.相同或不同   D.无要求

58.( )联轴器的装配要求在一般情况下应严格保证两轴的同轴度。

    A.滑块式   B.凸缘式   C.万向节   D.十字沟槽式

59.( )联轴器装配时,首先应在轴上装平键。

    A.滑块式   B.凸缘式   C.万向节   D.十字沟槽式

60.( )联轴器在工作时,允许两轴线有少量径向偏移和歪斜。

    A.凸缘式   B.万向节   C.滑块式   D.十字沟槽式

61.采用一端双向固定方式安装轴承,若右端双向轴向固定,则左端轴承可( )。

    A.发生轴向窜动   B.发生径向跳动   C.轴向跳动   D.随轴游动

62.当滚动轴承工作环境清洁、低速、要求脂润滑时,应采用( )密封。

    A.毡圈式   B.迷宫式   C.挡圈   D.甩油

63.内燃机按所用燃料分类有( )汽油机,煤气机和沼气机等。

    A.煤油机   B.柴油机   C.往复活塞式   D.旋转活塞式

64.按工作过程的需要,( )向气缸内喷入一定数量的燃料,并使其良好雾化,与空气形成均匀可燃气体的装置叫供给系统。

    A.不定时   B.随意   C.每经过一次   D.定时

65.当活塞到达上死点,缸内废气压力仍高于大气压力,排气门( ),可使废气排除干净些。

    A.迟关一些   B.迟开一些   C.早关一些   D.早开一些

66.点火提前呈过大状态时,气体膨胀压力将( )活塞向上运动,使汽油机有效功率减小。

    A.推动   B.强迫   C.阻碍   D.抑制

67.拆卸精度( )的零件,采用拉拔法。

    A.一般   B.较低   C.较高   D.很高

68.相互运动的表层金属逐渐形成微粒剥落而造成的磨损叫( )。

    A.疲劳磨损   B.砂粒磨损   C.摩擦磨损   D.消耗磨损

69.叶片泵转子的叶片槽,因叶片在槽内往复运动,磨损较快且叶片也经磨损后,间隙( )。

    A.增大   B.减小   C.不定   D.大小不定

70.车床丝杠的纵向进给和横向进给运动是（　　）。

　　A.齿轮传动　　　　B.液化传动　　　　C.螺旋传动　　　　D.蜗杆副传动

71.（　　）间隙直接影响丝杠螺母副的传动精度。

　　A.轴向　　　　　　B.法向　　　　　　C.径向　　　　　　D.齿顶

72.用检查棒校正丝杠螺母副（　　）时,为消除检验棒在各支承孔中的安装误差,可将检验棒转过180°后用测量一次,取其平均值。

　　A.同轴度　　　　　B.垂直度　　　　　C.平行度　　　　　D.跳动

73.操作钻床时不能戴（　　）。

　　A.帽子　　　　　　B.手套　　　　　　C.眼镜　　　　　　D.口罩

74.对于液体火灾使用泡沫灭火机应将泡沫喷到（　　）。

　　A.液冒　　　　　　B.燃烧区上空　　　C.火点周围　　　　D.火点附近

75.起吊工作物,试吊离地面（　　）,经过检查确认稳妥,方可起吊。

　　A.1 米　　　　　　B.1.5 米　　　　　C.0.3 米　　　　　D.0.5 米

76.使用锉刀时,不能（　　）。

　　A.推锉　　　　　　B.双手锉　　　　　C.来回锉　　　　　D.单手锉

77.钻床（　　）应停车。

　　A.变速过程　　　　B.变速后　　　　　C.变速前　　　　　D.装夹钻夹头

78.钳工车间设备较少,工件摆放时要（　　）。

　　A.整齐　　　　　　B.放在工件架上　　C.随便　　　　　　D.混放

79.其励磁绕组和电枢绕组分别用两个直流电源供电的电动机叫（　　）。

　　A.复励电动机　　　B.他励电动机　　　C.并励电动机　　　D.串励电动机

80.镗床是进行（　　）加工的。

　　A.外圆　　　　　　B.平面　　　　　　C.螺纹　　　　　　D.内孔

得　分	
评分人	

二、判断题（第81题~第100题。将判断结果填入括号中。正确的打"√",错误的打"×"。每题1分,满分20分。）

81.（　　）螺纹的规定画法是牙顶用粗实线,牙底用细实线螺纹终止线用粗实线。

82.（　　）液压传动是以油液作为工作介质,依靠密封容积的变化来传递运动,依靠油液内部的压力来传递动力。

83.（　　）磨床液压系统进入空气,油液不洁净,导轨润滑不良,压力不稳定等都会造成磨床工作台低速爬行。

84.（　　）金属切削加工是靠刀具和工件之间作相对运动来完成的。

85.(　　)选择夹紧力的作用方向应不破坏工件定位的准确性和保证尽可能小的夹紧力。

86.(　　)常用的退火方法有完全退火、球化退火和去应力退火等。

87.(　　)实际生产中,选用退火和正火时,应尽可能选用退火。

88.(　　)车床主轴与轴承间隙过小或松动被加工零件产生圆度误差。

89.(　　)大型工件划线时,如果没有长的钢直尺,可用拉线代替,没有大的直角尺则可用线坠代替。

90.(　　)分度头手柄摇过应摇的孔数,则手柄退回即可。

91.(　　)錾油槽时錾子的后角要随曲面而变动,倾斜度保持不变。

92.(　　)锉刀粗细的选择取决于工件的形状。

93.(　　)工件一般应夹在台虎钳的左面,以便操作。

94.(　　)用分度头分度时,工件每转过每一等分时,分度头手柄应转进的转数 $n = 30/Z$ 为工件的等分数。

95.(　　)键的磨损一般都采取更换键的修理办法。

96.(　　)张紧力的调整方法是靠改变两带轮的中心距或用张紧轮张紧。

97.(　　)滑动轴承按其承受载荷的方向可分为整体式、剖分式和内柱外锥式。

98.(　　)整体式滑动轴承修理,一般采用金属喷镀法,对大型或贵重材料的轴泵采用更新的方法。

99.(　　)滚动轴承的拆卸方法与其结构无关。

100.(　　)接触器是一种自动的电磁式开关。

参考文献

［1］徐冬元.钳工工艺与技能训练［M］.3 版.北京:高等教育出版社,2014.

［2］闻健萍,厉萍.钳工实训［M］.2 版.北京:高等教育出版社,2019.